フィギュール彩 54

THE BACKSTAGE IN A BROADCASTING OF SPORTS PROGRAMS
HIDEHARU YOTSUYA

スポーツ実況の舞台裏

四家秀治

figure Sai

彩流社

目次

序章　アナウンサーとは

多くの方が連想するのは、まずニュースを読む報道アナウンサーでしょう。報道番組だとキャスターなどとも呼ばれ、それがスポーツニュースだとスポーツキャスターになったりします。次にバラエティー、音楽番組などの司会進行役、ラジオでしたらパーソナリティ、あるいはＤＪ（ディスクジョッキー）といったところでしょうか。あとは、ナレーターぐらいなのかもしれません。

アナウンサーという職業で思い浮かべていただけるのはだいたいそんなところだと思います。なかには私のようにスポーツ実況を生業としているアナウンサーも「そういえば、スポーツ中継のときしゃべっているのもアナウンサーだよね」ぐらいの感覚で、その存在を認めてくださっている方もいるかもしれません。

アナウンサーのなかでは顔もほとんど出しませんし、たぶん一番地味な存在なのがスポーツ実況アナウンサーだろうと思います。

元号が平成に変わったあたりに突如として出現した《女子アナ》も、アナウンサーの一部なのかもしれませんが、「女性アナウンサー」とはどうもイメージが違うようです。

二〇一五年秋、日頃の言動からあまり物事を深く考えているとは思えないある女子大生と仕事をしたとき、「女子アナは史上最高の仕事です。私もできることならなりたい！」と言い切られて、「この娘は何を考えているんだ⁉」とその瞬間思いましたが、何も言葉を返す気にならなかったことを思い出します。

私が全国各局のアナウンサー採用試験を受験した一九八〇年代前半も確かに競争率は高かったですが、「史上最高の仕事」と考えて受験した女性は、一人もいなかったと断言できます。なぜ、彼女はそう思ったのか？　あるいは世間ではそのような感覚が一般的なのでしょうか？　私には信じられません。

「アナウンサーという仕事を通じて、〇〇を伝えたい」というような志し（それがあたりまえなのですが）で、《女子アナ》ではなく、「アナウンサー」という職業を目指す女性は今もいますが、どちらかといえばこれは少数派のようです。

また、採用する放送局側も、ビジュアルがよくて視聴率が稼げれば、しゃべる能力などそれほどなくても、台本どおりやってくれればいいからと、「ミスコンで優勝して、女子アナになりた〜い」というような女性を積極的に採用していますので、今後も《女子アナ》は製造され続けることになると思います。

女子アナの登場により、アナウンサーという仕事の世間一般の見方も変わったように思います。誰が言い出したのか、女子アナはアイドル扱いされるようになりました。一時的なブームだろうと私は思っていましたが、一向におさまる気配がありません。それはつまり、女子アナは番組内で主役級の存在ということです。

ラジオとは違い本来、テレビで、アナウンサーは番組内で主役になることはほとんどないはずです。スポーツ中継はもちろんのこと、ニュースにおいても、声の主はアナウンサーでも視聴者にとってはニュースの内容が知りたいのであって、誰が原稿を読んでいようとそれは大したことではないのです。

しかし、アイドルになってしまった女子アナは、視聴率を稼ぐための存在ですから、居るだけでよかったりします。つまり、番組において主役級の存在なのです。地味そのものの存在であるスポーツ実況アナウンサーの対極に位置するといってもいいでしょう。

《女子アナ》話をはじめるとキリがないので、これぐらいにしておきます。機会があったらこの件についてはまた改めて……。

それではまず、アナウンサーを仕事のジャンル別に整理しておきましょう

報道アナウンサー

局アナの頃の私は、定時ニュースも担当しましたし、それがラジオだと十分以上におよぶ長さだったこともしばしばありますが、報道を積極的に志望しなかったので、報道の仕事に携わることについてはあまり語る資格がありませんが、ただひとついえることは、デイリーの報道番組を担当するのはそれだけでたいへんなプレッシャーだということです。それ以前に、毎日、定時にテレビで顔がそれも何十分間にもわたって出るようなことを望んで、私はアナウンサーを志したわけではないので、それだけで私は耐えられないかもしれません。

顔出しの好き嫌いについては個人差があると思いますが、報道アナウンサーの多くは、現場にあまり行けず、報道記者が書いた原稿をそのまま読む場合がほとんどです。現場に行くのは報道記者の役目だからです。

それでも、毎日生じる様々な事件、事故などについて冷静に原稿を読み続けなければなりません。しかもキャスターと呼ばれるような立場になれば、ある程度「見解」も述べなければなりません。それでも、あまり現場に行く機会は与えられないのですから、それがストレスになることも多いと思います。

報道アナウンサーの日常は、私が見てきたかぎりでは、いろいろな新聞の記事に目をとおすなど世の中の動きに敏感でなければなりません。しかし放送では、その日頃の努力を活かす機会はあまりないまま、次から次へと事件、事故が起こって一日が終わる。その繰り返しです。

制作・芸能系アナウンサー

バラエティー番組などの進行役が仕事の中心となる制作・芸能系アナウンサーの日常はどんなものでしょう。

私はスポーツの実況を志してアナウンサーになりましたが、最初に就職した福岡のRKB毎日放送では、あまりスポーツの仕事をすることができませんでした。というのも、私が入社した一九八三年は、福岡をフランチャイズにしていたプロ野球チーム、西鉄（太平洋クラブ、クラウンライター）ライオンズが、財政難からいわゆる球団の身売りで西武（現・埼玉西武）ライオンズとなり、埼玉県所沢市にフランチャイズを移してしまってから四年が経過していましたので、年間をとおしてスポーツを報道する体制が会社にはなくなっていたからです。

RKB毎日放送は、男性アナウンサーを採用したのが十一年ぶり（私ともう一人、計二人採用しました）ということもあって、私は入社半年でラジオのレギュラー番組をいきなり三本も任されてしまいました。どう考えても半人前以下の私に、期待をかけてくれたのはもちろんうれしかったのですが「スポーツがやりたい！」と、いくら社内で主張したところで「ライオンズもいないのに君は何をいっているんだ！」という反応のほうが多く、仕事があるのですから贅沢な悩みなのはわかっているのですが、ストレスが溜まっていったのも事実でした。

ということで、RKB毎日放送時代の私は、基本的に制作・芸能系のアナウンサーでした。

ラジオでレギュラー番組を三本も任されると、レコード会社の宣伝担当の方がすごい勢いで挨拶に来られます。必ずしも番組で音楽ばかりを扱っていたわけではないのですが、私のようなペーペーに対しても、次々に国内外の歌手、ミュージシャン、アーティストの新譜が届けられ（当時はレコード）、福岡だと期待の新人や、旬のミュージシャンがキャンペーンやライヴのために訪れることも多く、しかも私の担当する番組にそのほとんどが出演することになるため、日々、勉強することばかりです。

映画試写会の司会を任されることもかなりありました。どんたく、山笠、小倉祇園太鼓、その他、県内のいろいろな祭りやイベントなどがテレビの特番になり、うれしいことに、若手男性アナウンサーが少ないため、出演させていただくことになります。その都度、スタンバイに時間がかかります。

勉強することは多岐にわたり、私は一九八三年に入社するまで福岡の知識がまったくといっていいほどなかっただけに、「よそ者のままではいけない」というプレッシャーとも常に戦っていたように思います。

これが東京キー局だとどうなのかはわかりませんが、イベントの司会や特番の仕切り、また、たくさんのいわゆる芸能人に会うのが仕事の中心というのは、福岡の局とそう変わりはないでしょう。やることはほんとうにたくさんあるのですが、流されるように時間が過ぎていってしまったような印象が私にはあります。

報道アナウンサーと、制作・芸能系アナウンサーは、私が理解しているだけでもこれだけ仕事の内容が違うのです。

スポーツにかかわる放送関係の仕事

スポーツも実況とスポーツニュース（スポーツキャスター）では、仕事の中身もスタンバイにかける内容も違います。

近年「スポーツをやりたい」というアナウンサー志望の男性は少なくありませんが、その大半は「スポーツキャスターがやりたい」という人たちです。私のように「顔出しが好きではない」というアナウンサー志望者はあまりいないらしく、おそらくスタジオでその日に行われたスポーツについて語る仕事をカッコいいと思って志望するのだと思います。

スタジオでスポーツニュースの原稿を読むのもスポーツ実況もスポーツの知識がなければいけませんし、日々スポーツの勉強はしますのでその点は同じですが、簡単にいえば両者の違いは、実況では、試合（あるいは大会）前にいろいろな場面を想定してスタンバイするのに対し、スポーツキャスターは試合後、そのなかで起こったことに対して必要な情報を付け加えるためのスタンバイで放送に臨むという点です。

したがって、スタンバイの煩雑さという点ではたぶん実況のほうがたいへんです。しかし、情報を整理していろいろなスポーツの結果をコンパクトにわかりやすく伝えなければならないスポーツキャスターも結構、骨の折れる仕事ではあります。

このように、アナウンサーのジャンルは大きく分けて、スポーツをひとつと考えれば、先の三つに分かれます。無論(私には到底無理ですが)三ジャンルともできるという人もいるでしょうし、二ジャンルでという人もいるでしょう。

局アナであれば、使う側にとっては何でも「こなせる」「できる」アナウンサーであることに越したことがないので、そうなれるよう、特に新人のうちはいろいろなことを経験させていただけることにもなります。

ことばの問題

さて、アナウンサーはどのジャンルであっても、間違ったアクセント、訛りは矯正しなければいけないのですが、私の場合、千葉県松戸市に生まれ育ったため、ほとんどその心配がありませんでした。ただし、自分で標準語(標準アクセント、共通語ともいう)を話していると思い込んではいても、間違ったアクセントに気づかないでしゃべっていたことは結構あり、堂々としゃべっていて大恥をかいたことが何度かありました。思い込みというのは恐いものです。

これが逆に、例えば関西出身のアナウンサーだと、多くは(なかには「なんでアクセント変えなあかんねん」という人もいると思いますが)、標準語とほぼ正反対のアクセントを直さなければいけないわけです。苦労された方もいるでしょうが、音(音程、音感といってもいいかも)に敏感で、見事に矯正している例をたくさん見てきました。そういう人も関西の方と話すときには普通に関西弁に戻っています。これは一種のバイリンガルで、見事だなあと思います。

関西を例に挙げましたが、全国津々浦々いろいろな方言があります。その方言が身に着いていることを自覚してアナウンサーになり、マイクのまえではとてもきれいに標準語で話している例を私はたくさん見てきました。むしろ関東出身者より自覚が強い分、正確かもしれません。

つまり、この職業、はじめたばかりの頃は仕方がないとしても、大事なのは、どこに生まれ育とうとも、アクセント・発声・発音などに、いかに敏感であり続けられるかということなのです。

局アナとフリーアナ

私はテレビ東京を円満退社して、二〇一一年夏からフリーランスになりました。

フリーと局アナでは何が違うかといえば、フリーは、アナウンスメント技術も含めた相対的な「実力」がなければ使われないということです。

ここでいう実力とは、本来の日本語の意味からすれば正しくないのかもしれませんが、簡単にいえば知名度です。それも世間的な知名度と業界内での知名度、その両方です。

報道や、制作・芸能系のアナウンサーでは、それがはっきりと視聴率にも表れてきますし、民放ならスポンサーの好みという側面もあるかもしれません。したがって、スポンサーへの気遣いというようなことも局アナ以上に必要でしょう。報道や、制作・芸能系のフリーのアナウンサーはタレントとほぼ同じと考えていただければおわかりいただけると思います。

局アナも実力がなければ使われませんし、スポンサーへの気遣いも必要です。スポンサーからお金をいただいている会社の社員ですから当然といえば当然ですが、フリーとは少しばかり立場が違います。仮にスポンサーがその局アナを気に入らないと思い、番組の担当を外されるようなことになったとしても、給料が変わるわけではなく、違う番組でがんばればいいだけの話です。万が一、他部署への異動ということになっても生活に困るわけではありません。あくまでこれは会社員としての気遣いです。

しかし、フリーは番組の担当を外されたら生活そのものに影響がでてくることになりますから深刻なのです。

「四家君、フリーにならないほうがいいよ。でもなるの？　もう決めた⁉　そうかぁ、それじゃあ私からひとつだけアドバイスを。フリーになったらね、最低、今までの三倍は人に気を遣わなくちゃダメだよ」

私がフリーになると決めたとき、いろいろな方から貴重なアドバイスをいただきましたが、これはスポンサーにではなく、仕事にかかわるすべての人への接し方という意味でのアドバイスで、あるフリーで働く(アナウンサーではありません)、人生の大先輩からいただいたものです。

気遣いが下手な私にはとても心に響くお言葉でした。

たぶん、フリーの報道や制作・芸能系のアナウンサーの方々はスポンサーへの気遣いはたいへんなものだと思いますが、スポーツ実況アナウンサーは、地上波でフリーが使われるケースがとても少ないということもあり、スポンサーへの気遣いというより、人と人とのかかわりの方に一番気を遣います。それがすべてといってもいいでしょう。

お断りしておきますがゴマすりという意味ではありません。

ここでも報道や制作・芸能系のアナウンサーとスポーツ実況アナウンサーは違うのです。


さて、これまで記したように、スポーツ実況において、地上波はほとんど局アナの独壇場です。

それはなぜか？ といえば、理由はいろいろ考えられますが、実況アナウンサーぐらいは自前で育てないと……というような感覚だろうと思います。

スポーツ中継は平均すれば視聴率が取れるものではありません。しかし、イベントによってはとんでもない高い数字をはじき出すことがあります。そのとき、実況アナウンサーが局アナでないとしたら、その局にとってこれほど恥ずかしいことはないでしょう。

実況アナウンサーは自前で育てるのが地上波放送局の矜持とでもいうことなのだと思います。

したがって、フリーのアナウンサーでスポーツの実況をしようと思ったら、地上波以外のフィールドをまず考えなければいけません。

もちろん、私もそうしました。知名度などろくにない私ですが、幸運にもフリーになってから地上波からもお呼びがかかって、少しばかり仕事をいただいていますが……。

第一章　スポーツ実況中継とは

それではそろそろ、私の生業であるスポーツ実況アナウンサーについてお話させていただきましょう。まず、改めましてスポーツ実況アナウンサーとはなんでしょう(ここでは主にテレビについてです)。簡単にいえば、スポーツ中継でそのスポーツの魅力を細大もらさず的確に視聴者に伝える役目を担っていると思います。

私は「日本人は基本的にスポーツ観戦が好きな民族ではない」と考えています。その理由は本書を読んでいただければ理解できると思いますが、実況アナウンサーはそういう人たちにスポーツの魅力を伝える作業ですから、中継するスポーツに精通していることは当然のことながら大事であり、そのスポーツをやったことがあるかどうかということより、スポーツを観て伝えること、少々キザったらしい表現になりますが、そのスポーツへの「愛」がより重要であると考えます。

実況アナウンサーの本番までの流れ

さきのアナウンサーの分類のところでもサワリだけ記しましたが、はじめに実況アナウンサーはどんなことをするのか、スポーツ中継とはどんなものであるかを簡単にまとめておきましょう。

選手またはチーム、監督・コーチに話を聞くなどの取材をします。団体競技、球技の場合、チームに広報がついているケースも多く、その場合、チームの広報資料をベースにします。当然、新聞・雑誌、インターネット等での情報も加味し、自分なりのチーム、個人のデータをまとめ実況資料を作成します。

この作業にどれだけ時間をかけるかは実況担当者それぞれの考え方次第です。

実況当日までの時間は限られています。記録を重視する競技(代表例はプロ野球)だと、実況資料は際限がないといってもいいほどの量になってしまうので、その中継で何を伝えたいのかによって、どんな記録を優先的に調べておくかがある程度決まってきますし、ディレクターの狙いもありますからそこでの連携も大事になってきます。

中継本番

漫然とただ中継するなどというケースはあまりありません。何らかの見せるポイントがあり、それについて事前の打ち合わせをし、ディレクター、解説者ともなるべく意思の疎通を図ります。

中継中、「Qシート」と呼ばれる進行表に従ってディレクターが準備していた企画VTRやインタビュー、字幕で紹介すべき記録など、それを出すタイミングに話を持っていくよう心がけ、また好プレーや振り返りたいプレーのスローVTRなども適宜織り込みながら中継は進行します。

民放では番組によっては、スポンサーサイドから要請（中継中必ず言わなければならない）された「ゼヒモノコメント」というのがあって、それを最重要視しながら進めることもあります。これは、例えば大会正式名をCM前に必ず言うといったことです。こうしてなるべくいろいろな状況に対応できるように準備して本番に臨み、大きなミスもなく、見せ場がそれなりにあり、盛り上がって中継が終わればみんなが幸せな気分で帰路につけるのですが、なかなかそうもいきません。

スポーツは事前の青写真どおりにはいかないのが常です。生中継で想定外の展開になったときどうなるか。こういうときに、おそらくアナウンサーの力量が一番試されるのだと思います。

でも、アナウンサーとしては不本意な終わり方になっても、「ああいうことは事前には読めなかったのだからしようがない……」などとなぐさめてくれるディレクター、あるいは番組の責任者であるプロデューサーがいます。彼らにとっても想定外だったはずですから、本音かどうかは別にして、それが多数派だと思います。

アナウンサーの立場としてもそういってくれると気持ちは落ち着きますが、「あそこを事前に調べておけばよかった」とか「あれを取材しておけば」、あるいは「とにかくもっと落ち着いてあの想定外の展開に対処しておけば解説者としっかり話ができたはず」などといった悔いは残ります。

なかには「取材不足だ！」と中継終了後、アナウンサーを一喝するディレクターもいるでしょう。実際そのとおりなので、むしろそのほうがアナウンサーの質の向上につながると思いますが、現場が良くも悪くも言葉のうえではみんなやさしくなってきているのも事実です。

もちろん、想定外の展開になっても対応できるように準備しておいて、話が広げられて中継が終わればそれはそれで充実感はあるのですが、そうなった場合に難しいのが、「そういう対応できる情報があるなら事前にいっておいてくれれば……」と制作サイドが思ってしまうこともあるということです。

「アナウンサーの力量が試される」といいながら矛盾するようですが、制作サイドにとってアナウンサーの存在は実況を任せてはいても、基本的にはカメラや音声の担当などと同様、自らの指示系統のなかに入れておきたいのです。それは、放送全体の責任を取るのはディレクターであり、プロデューサーである以上、当然でもあります。だから「事前に知っておきたい」と制作サイドが思うのも無理からぬところなのです。

しかし、事前の打ち合わせの大半は、制作サイドから「番組中、事前に用意したVTR素材なども含め、何をどう表現するか」の指示で占められており、アナウンサーがいろいろというような雰囲気ではないのもまた事実です。決して隠しているわけではなくても、アナウンサーが事前に持っている情報をすべてディレクターが把握しておくという、つまり情報の全面的な共有というのは現実的には難しいのです。

とにかくアナウンサーとしては、「想定外の状況でもなんとか乗り切れた」気持ちになっても、制作サイドとしては必ずしもそうではないことがあるということです。

でもそれは見方を変えると、みんながそれぞれの立場で「少しでもいい中継を！」と思っているからこそであって、決して悪いことではないともいえるでしょう。

CS放送の特徴

これまで記してきたことが、いつの時代も変わらぬ基本的なスポーツ中継だと思うのですが、ここに新たにCS放送が本格的に参入するようになってからは少し様相が変わってきました。

CS放送にもいろいろありますが、ここで述べるCS放送はスポーツのみ、あるいはスポーツが中心の専門チャンネルのことを指します。ご存じのように競技別のチャンネルもあります。そして、CS放送には単独の局と地上波と連動した局とがあります。

単独のCS局には局アナがいないので、アナウンサーはフリー、ディレクターも外部の制作会社という場合がほとんどです。しかも二十四時間、中継を中心とするスポーツ番組を流している以上、事前の準備にディレクターもアナウンサーも十分に時間をかけることが難しく、極力制作費も抑えなければならないため、ほとんどの事前準備はインターネットなどからかき集めただけの情報収集で済ませて本番に臨むことになります。

情報は、確認作業をしてから流すのが基本的な放送のスタンスですが、確認などしているゆとりがあまりなく、情報についてはタレ流し的にならざるを得ないまま放送するケースが多いというのが現状です。もちろん、インターネット情報というのはかなり正確ですから、まず間違ってはいないのですが、自分で取材し、得たものとはいえません。それでも、それを軸に実況するしかないわけです。

そして実況も、いわゆる「やっつけ」的にならざるを得なくなる傾向にあります。

地上波を母体に持つCS局は、フリーだけでなく母体となる地上波の局アナもかなり起用します。制作費はやはり少なくても、単独のCS局に比べれば(番組の中身にもよりますが)母体と連動して事前の情報は得やすいわけです。それでも単独のCS局と制作スタンスは根本的に大差ないといえるでしょう。

このような有料でかつひとつの競技を放送枠などほとんど気にせず流し続けるスポーツ中継を、ここではわかりやすく「CS型」とし、一方の昔ながらの準備で中継するやり方を「地上波型」と呼ぶことにします。

CSは衛星波ですが、衛星波の先輩にはBSがあります。

BSのチャンネルも大別すると地上波の局が持っているBS局、単独のBS局、そしてCSも持っているBS局に分けられ、無料だったり有料だったりします。さらに、現在ではニコニコ動画なども含めたインターネット放送も数えきれないほどチャンネル数があります。

これらを先ほど定めたどちらかの型に当てはめると、地上波の局が持っているBS局と単独のBS局はどちらかといえば「地上波型」に近く、CSも持っているBS局、インターネット放送は「CS型」に近いといえるでしょう。

このように、地上波型とCS型では作り方がかなり違いますから中継方式は二極化してきているといっても過言ではありません。

スポーツ中継の二極化

そうはいっても、競技の魅力を伝えるのは地上波型もCS型も同じです。

有料放送である場合が多いCS型は、より専門性が重視されて然るべきなのですが、少なくとも事前準備の段階では先述したように地上波型より時間、予算等情報が限られている分だけ劣ります。しかし、中継本数が地上波型の比ではないほど多く、個別の競技への習熟度は高まるので、ディレクターにもアナウンサーにもその競技を観る目(センスといってもいいかもしれません)があれば、視聴者が満足するような中継になると思います。そしてCS型の放送形態での最大の強みは放送枠にゆとりがあるということです。今後さらに現場の空気、選手、関係者の生の声を拾うなどしてスポーツ中継をより多角的に見せていける可能性があります。

一方、地上波型では、実況はほとんど局アナで、ディレクターも局の人間主導というケースが多く、近年、中継は世界選手権、ワールドカップなどのビッグイベントが増えてきています。地上波はスポーツ中継に限らず全体の視聴率が低下傾向にあり、特にスポーツ中継は制作費がかかりながら視聴率には結びつかないことが多いため、ここ二十年ぐらいで放送形態がずいぶん変わってきました。ビッグイベントの中継が増えてきたのもそのためです。

このビッグイベントは、大手広告代理店絡みで成立するケースがほとんどです。視聴率を稼ぐため、スタジオに有名タレントなどを配し、解説者がいて、いろいろな情報を試合や競技が始まるまえに伝える、いわゆる「あおり」の時間を設け、そして始まる直前に現場にスイッチし、実況アナウンサーはただ盛り上げ、終わったらまたすぐスタジオに戻ってタレント、解説者などと振り返る。こういった番組構成が増えてきました。

これだと現場の実況アナウンサーは、事前にいろいろ調べ情報を頭に入れておいても、それを紹介する時間がないか、またはすでに紹介されてしまっている。それゆえ、事前準備はほとんど必要ないという傾向になってきています。

ただし、地上波型は、事前の段階ではCS型より優位な番組づくりができます。近年、制作費が削られてはきましたが、それでもCS型よりは全般的に潤沢ですから、ものによっては何カ月もまえから事前VTRづくりをするなど、イベントとして盛り上げることも可能ですし、実況アナウンサーも(放送ではその直接的な成果が出せなくても)取材に多くの時間をかけられたりします。

しかし、放送枠には限界がありますし、かつ中継当日もゲストを多数招くなど大がかりな演出をしたり、スター選手を中心に追ってみたり、中継する競技にドラマ性、ストーリー性を持たせ、視聴者が、仮に競技の本質がわかっていなくても興味を惹くような作りをしたり、あくまで中継ではありますが、制作サイドは筋書きを求めるようになってきています。そこにこだわって、結果として現場の雰囲気を十分に伝えきれないまま放送が終わってしまうこともある。これが近年の地上波型といえるでしょう。

簡単ではありますが、これが大雑把に申し上げてスポーツ中継の二極化の現状です。

実況の二極化

実は、局アナかフリーかということも含め、実況も二極化してきています。

これについては、デリケートなニュアンスを含んでいますが、ひとついえるのは、どうしても実況本数が多く競技数も多岐にわたり「やっつけ仕事」的になると申し上げたCS型の実況は、無難に破綻なくこなしていく傾向にあると思います。今後もたぶん変わらないでしょう。

さらにネット中継のニコニコ動画などになりますと、これはもはや双方向型ですので、視聴者(ユーザー)からのコメントに対応するセンスが必要です。おかげさまで私もニコニコ動画での仕事が近年急激に増えてきています。そこでは、RKB毎日放送の局アナでの四年半のあいだに、ラジオ番組をたくさん持たせていただいたことが非常に役に立っていると感じます。

当時、私は一人で担当した番組などほとんどなく(半人前以下だったのですから当然です)、先輩アナウンサーやフリーの地元の優秀なパーソナリティとやらせていただき、そこでまさにたくさん失敗の経験を積みました。私がアナウンサーを志した理由は、「スポーツの実況がやりたい！」ということだけですから、もともと私には会話のセンスなどありません。未熟な会話能力、フリートークの甘さはどうしようもありませんでした。ラジオのリスナーからのハガキや電話（ＦＡＸやメールはまだありません）から寄せられた話題をどうすれば盛り上げられるかについては、先輩方が番組内で見本を見せてくださるわけで、それがノウハウとして少なからず蓄積されたと申し上げていいと思います。

これらのすべてを、この時期に学ばせていただきました。そして今、非常に役に立っているのです。実況については自己評価などできませんが、話術に関しては、私は今でも相当下手なアナウンサーだと思います。

最近、映画『東京オリンピック』を偶然、ＣＳ放送で観ました。実況アナウンスも実際に放送されたものをたくさん引用しています。五十年前の実況です。ＮＨＫの大先輩方の実況の中身については私ごときが何かをいえる立場にはありませんが、語尾についてはかなり気になりました。「～あります」「～おります」「～ございます」のオンパレード。

今もしこれをやったら、「大本営発表じゃあるまいし……」ということになります。

実況がどんどん変わってきているのは申し上げるまでもありません。

そのうえ、スポーツ中継が多岐にわたってきている以上、今後、実況する側もより柔軟な対応が求められることになるでしょう。それでも、実況の二極化についてしっかり定義づけをするのは難しいです。

今後、競技別に「これについてはいえる」というようなことがあれば申し上げましょう。実況は実況なので普遍的な要素も当然あります。

テレビとラジオの実況の違い

ところで、ここまでは主にテレビのスポーツの実況についてお話ししてきましたが、ラジオについても触れておきましょう。

私か、あるいは私より一世代下ぐらいまでは、ラジオで野球の実況中継を聴くのがスタンダードなスタイルだったのではないかと思います。さらに競馬中継も然りで、今もラジオで野球や競馬を聴くのが好きという方は大勢いらっしゃるでしょう。私より前の世代だとこれに大相撲も加わるかもしれません。

スポーツ中継でラジオが果たしてきた(今も果たしている)役割はとても大きなものです。

私も事実上ラジオの出身ですし、「ラジオの野球中継がまともにできるようになりたい」という強い思いで実況アナウンサーを志しました(RKB毎日放送はラジオ・テレビ兼営局)。

テレビとラジオの実況の違いについては、この業界の尊敬する先輩方がいろいろなところで述べていらっしゃるのでご存じの方も多いと思いますが、簡単にいえば、ラジオの実況は言葉で映像をつくる仕事、テレビの実況は映像をフォローする仕事です。

ラジオは情景描写をし続けることが基本です。

ある先輩アナウンサーがおっしゃっていた野球中継におけるラジオとテレビの違いについてのわかりやすい例をひとつ挙げれば、打者が打ちあげた飛球の表現をラジオでは、「レフト大きい、レフト××（選手名）の右後方を襲っています、××バック、××バック……」となり、テレビでは「レフトへ、これは大きな当たりです。追いかけている（追っている）レフトは××」。

テレビ中継では右後方かどうかなど見ればわかるので、いちいちいう必要はありません（うるさくない程度にいってもOKではありますが）。それと、微妙にして表現の大きな違いは、ラジオは「レフト××」、テレビは「追いかけているレフトは××」ということです。ラジオで「追いかけているレフトは××」、テレビで「レフト××」といっても間違いではありませんが、言葉で映像をつくるには「レフト××」であるべきですし、映像のフォローなら「追いかけているレフトは××」であるべきだということです。

それから、「ラジオはしゃべりっぱなしで疲れるでしょう？」とよく言われます。おっしゃるとおり、情景描写し続けるのでしゃべる量はテレビの数倍、あるいは十倍以上かもしれませんから、単純な消費エネルギーは間違いなくラジオのほうが大きいです。

しかし、試合の展開がどうなるかは別にして、自分でしゃべることによって映像をつくる点がラジオはテレビよりアナウンサーとしてやり甲斐があり、考え方次第ですが楽しいと思います。

一方、テレビで映像をつくるのはディレクターで、中継の際、ディレクターからいろいろな指示がきます。アナウンサーは映像をフォローするのが役目ですからそれに応えなければなりません。ラジオよりはるかに多岐にわたって神経を遣うことになるので、精神的にはテレビのほうがエネルギーを消費するといっても過言ではありませんし、試合後の精神的充足感はむしろラジオのほうが得られるかもしれません。

私個人についていえば、しばらくラジオの実況から遠ざかっていましたが近年、ラジオでラグビーの試合の実況の機会をいただき、その充足感の大きさを味わっているところです。

とはいえ、私はたかだか三十年程度の経歴ですので、スポーツ実況アナウンサーを代表して云々というような立場で述べる資格などはありませんが、本書を通じて、一実況アナウンサーのスポーツへの思いを感じ取っていただければ幸いです。

第二章　実況アナウンサーの準備

事前準備

すべてのスポーツ実況で必要なのが、出場している選手についての情報です。記録(実績)、特徴などそれは際限がありません。

そして、それと同様に重要なのが、ルール、規則、慣習など中継する競技の全体像をつかんでおくことです。

この二つは絶対的に必要なことです。

ただ、みなさんもご存じのように、スポーツそのものもこの半世紀ほどでずいぶん変わりました。まず、変わったのは当然のことながら競技レベルです。個人競技、球技、また同じ球技でも道具を使うものとそうでないものがありますから、それを理解していなければいけません。

半世紀前にはプロが存在しなかった競技でも、今はプロ化が進んだものもたくさんあります。また、道具の進化もありますから、半世紀前とは似て非なるスポーツになっているようなものもあると思います。とにかく、それぞれの競技の変遷を知っておくことは大事だと思います。

こういったことを踏まえたうえで、ジャンル分けをするとだいたい次のようになります。

〈団体球技〉

基本はゲームですから両チームの特徴、競技のおもしろさ、対決の中身をより際立たせるためのデータ、知識を持っておくことがより重要です。

〈球技（個人）〉〈格闘技〉

個人の話の比重が大きくなるので個人データは団体球技より重要です。ただし、個人の戦いであっても基本はあくまで目のまえで行われる、俗にいう筋書きのないドラマに対応するためのものなのでそのためのデータ集めを心がけることが大事です。

〈採点競技〉

技、その難易度を知っておくことと各技の出るタイミングなどを知っておく必要があります。しかし、この競技ではテレビの場合、基本的にはほとんどしゃべらないことが大事なので解説者に対応できる知識としての要素が強いです。

〈記録あるいは速さを争う競技〉

当然のことながら描写することが大事なので個人データは補助的な知識になってきますが、その瞬間、瞬間にパーソナルベストが口をついて出てくるぐらい記録についての知識を身に着けておく程度は必須ですし、球技などよりシンプルな分、むしろ競技の理解度が重要です。

モータースポーツだと、これは解説者の領域にもなってきますが周辺情報に気を配ることも忘れてはいけません。

〈ギャンブル系競技〉

速さを競う競技と基本的には同じですが、描写力がすべてといってもいい競技なので、実況描写スキルを身につけることが一番大事な事前準備です。

次に、そのスポーツがどの程度一般的に知られているかということを認識しておくのも実況に臨むうえで大事なことです。さしずめ野球、相撲、ゴルフ、サッカーなどは難解な場面にでもならないかぎりいちいちルール、決まりごとなどを実況アナウンサーが説明しなくてもいいでしょう。

野球中継で「ストライクゾーンは打者の肩の上部とユニフォームのズボンの上部との中間点に引いた水平ラインを上限とし、膝頭の下部のラインを下限とする本塁上の空間で、バッターはストライク三つで三振となりアウト」などと実況で説明することはまずありませんし、ゴルフ中継で「クラブの一番ウッドをドライバーといい、一般的に一番飛距離が出ます」などと実況アナウンサーがいえば、「あんなアナウンサーはクビにしろ！」と抗議の電話が殺到することでしょう。

これらのスポーツは世間に知れわたっており、視聴者は競技の見方を知っているという前提でしゃべらなければいけません。それだけ競技への理解がアナウンサーには求められるという言い方もできます。

実況中、どんどん競技の中身に深く入っていく勇気も、入っていけるだけの知識も必要になりますし、それができなければ視聴者はもの足りなさを感じることにもなります。

学校の体育やレクリエーションなどで多くの人がやったことのある球技であるバスケットボール、バレーボール、テニス、卓球、バドミントン、比較的目にすることの多い格闘技系の（プロ）ボクシング、柔道等、こういった一般に広く知られているスポーツでは、アナウンサーはルールを知っていて当たりまえであり、適度な専門用語を使えるレベルでないといけないでしょう。

「そんなことも知らないでバスケットボールの実況してんじゃねえよ！」

「何だよ、もう少し柔道用語使って実況してくれよ！」

などと視聴者に思わせない実況をしなければいけません。状況によってはさりげなくルールを説明することも必要でしょう。

バレーボールのリベロの役割、バレーボール、バドミントンのラリーポイント制、テニスやバドミントンと卓球のダブルスの違い(卓球では選手は交互に打たなければならない)、ボクシングの負傷判定、柔道の有効、技あり、一本についてなど。

いずれもその競技を知っている視聴者にとってはわかりきったことでも、そうではない視聴者への気配りが実況の品格につながってくると思います。

オリンピックで目にする競技

一般の方がオリンピックで四年に一度しか観ることがないような競技についてはどうでしょう。実はこれがとても多いのです。

・夏季オリンピックの正式競技は28
・冬季オリンピックの正式競技は7

この三十五競技のうち、普段から多くの方が中継でなじんでいるものといえば、フィギュアスケート(スピードスケートとフィギュアスケートはともにスケート競技なので、フィギュアスケートは種目ですが)は近年、日本のレベルが上がりスター選手も続々生まれたことによって人気が急騰し、凄まじい勢いで中継されるようになりましたが、それ以外ではサッカー、二〇一六年のリオデジャネイロ大会から採用されるゴルフを除き、オリンピックの正式競技は日本の競技レベルが高かろうが低かろうが、ほとんどの日本人はオリンピック以外では観ないと断言してもいいでしょう。

わかりやすい例を挙げれば、夏季オリンピックのメイン競技、陸上と水泳(競泳)です。この二つは現在では世界選手権も行われ（かつては四年に一度のオリンピックだけが世界一を決める大会でした）、それが大々的に中継もされます。無論、日本選手権や国体、インターハイなども（地上波型の範囲でも）かなり中継されるのですが「オリンピック以外でも観る」という日本人が果たしてどれだけいるでしょうか。

「人間が走ったり泳いだりするだけだろう。何が面白いの？　特に陸上なんて強いのは黒人ばかりじゃないか」という話を私は今まで何百回も耳にしました。そう発言する人のなかには自称「スポーツが好きでスポーツ報道に携わっている」人物も少なくありませんでした。

記録を争う競技の代名詞である陸上と水泳は、研ぎ澄まされた精神と肉体の構築を必要とするスポーツの原点であり、私は特に好きな競技ですが、日本人は全般的にあまり観ることには関心がないようです。

その証拠に、二〇〇九年からはじまった陸上のワールドツアーである全十四戦で争われるダイヤモンドリーグを有料ＢＳの老舗ＷＯＷＯＷが二〇一一年から中継していましたが、二〇一四年で中止してしまいました。もちろん、ダイヤモンドリーグそのものは続いていますからスポーツ中継というソフトを手に入れたいＣＳのＧ＋が二〇一五年には中継していますが、これがいつまで続くかはわかりません。少なくとも陸上は中継権の奪い合いにはならないスポーツなのです。

日本の視聴者は陸上への関心が薄いということでしょう。事実、記録は極限までいってしまった感もあり、近年は禁止薬物、ドーピング問題と切り離せないスポーツになってしまってイメージが悪くなってきているのも確かですが。

日本が伝統的に強い競技、体操、レスリング、柔道なども同様です。女子が盛んになってきたレスリングは最近になって少し中継が増えてきましたが、体操、柔道は世界選手権が昭和の時代から中継されていましたし、特に柔道はいろいろな大会が中継されるので私など目にする機会は多いのですが、やはり「多くの人が観る」となると、これはオリンピックのときだけということになりましょう。

つまり、「日の丸をつける」と観る。日本を応援する段になると観るのです。

ごく一部の例外を除けば、ほとんどの競技の世界選手権や世界規模の大会（ワールドカップなど）では大して関心がもたれず、オリンピックだと観る。

「日本人は世界でも有数のオリンピックが好きな民族」といわれる所以です。

裏を返せば世界一を決める大会で、しかも日本が強くてもほとんど関心が持たれないのですから日本人は全般的にはスポーツが好きな民族ではないのです。

ところで、話は少しそれますが、第二次世界大戦（太平洋戦争）後、打ちひしがれた多くの日本人を勇気づけたのはスポーツ界の新たなヒーローでした。

フジヤマのトビウオと称された水泳（競泳）男子一五〇〇メートル自由形で驚異的な世界記録を次々にマークした古橋廣之進さんは、今も戦後の激動期に青春時代を過ごした方たちの絶対的なヒーローですし、日本プロボクシング界初の世界チャンピオン、フライ級の白井義男さんは、文字どおり「日本は戦争では負けたけれど、日本人は世界一になれる」ことを証明しました。

今、ボクシングは階級が細分化され、団体も乱立し世界チャンピオンの数も当時の十倍ぐらいいます。しかも団体、階級によっては正規のチャンピオンのほかにスーパーチャンピオンだの、暫定チャンピオンだの、名誉チャンピオンだの、休養チャンピオンだの、チャンピオンの大安売りです。しかし、白井さんが世界チャンピオンになったときは八階級に八人しかいませんでした。その人気はすさまじく、その雄姿を見たい人が多かったがために、何とタイトルマッチを後楽園球場で行い、超満員にもなっています。

プロレスという特異なジャンルでは、力道山(彼は朝鮮国籍で、死後何年も経ってからそれが公になるのですが、生前は日本人ということにされていました)が、まだ街頭テレビの時代、次々に空手チョップで(仮想鬼畜米英ともいうべき)白人レスラーをなぎ倒し、日本人を狂喜させました。古橋廣之進、白井義男、力道山、みな故人となってしまった三人は、戦後の日本人を勇気づけたヒーローとして永遠に語り継がれるべきスーパースターですが、これは時代背景と日の丸という二つの要素を抜きにしては語れません。

国を代表するとなると普段スポーツに関心がない人でも応援するのは日本だけではないかもしれませんが、戦後の特殊な時代背景では、それがより鮮明になったのだと思います。

プロレスはともかく、古橋さんや白井さんを熱狂的に応援した人がそのまま水泳やボクシングを観るのが大好きになったかといえばそれは疑問です。

ボクシングに関していえば、白井さんが火をつけたボクシング人気が、のちに日本人ボクサーとして初めて本場アメリカで殿堂入りする二階級で世界チャンピオンになったファイティング原田さんの登場で、一九六〇年代～七〇年代にかけて沸騰した時期がありましたが、その後は尻すぼみです。

水泳については、オリンピックのメイン競技以上の存在になったことは今までありません。古橋さんは水泳というよりも時代のヒーローだったということなのだと思います。

四年に一度しか観ないといっても一般の方のなかでの競技（種目）別に意識の違いはあるでしょう。陸上、水泳以外の、普段もっと目にすることの少ないものでも夏季オリンピックで歴史と伝統のある競技は、具体例をここでは申し上げませんがたくさんあります。

冬季オリンピックでは、近年、大人気のフィギュアスケートを除けば、あとはスキーのジャンプが多少はといった程度で、その他はすべてが「四年に一度」に当てはまるといってもいいかもしれません。実況する側からすればこれらのスポーツの多くはルールの基本的な部分から説明しなければなりませんし、世界一を争う舞台ではありながらも競技の特性等の話もしなければいけないと考えます。

オリンピックでの実況

私はスポーツの実況を志してアナウンサーになりました。

一九六四年の東京オリンピックを生で観た最後の世代といってもいい私にとっての目標はオリンピックで実況することでした。それが実現したのが二〇〇〇年のシドニー大会です。

当時、テレビ東京のアナウンサーだった私は、ＮＨＫ・民放合同の実況アナウンサーチーム「ジャパンコンソーシアム」の一人に選ばれる幸運に恵まれ、ボクシングとソフトボール（女子）の実況をすべて任せていただきました。

（アマチュア）ボクシングはルールがどんどん変わる競技で、二〇〇〇年当時、まだ女子ボクシングはオリンピックの正式種目にはなっておらず、一ラウンド二分、五ラウンドで勝敗を争い、判定になった場合五人のジャッジによって勝負が決まる方式でした（現在はかなり違います。これについては後述します）。

五人のジャッジは何をするかというと、彼らのまえには二つのボタンを押す機械が置かれていて、どちらかの選手のパンチが決まったと思ったらその選手側のボタンを押すだけです。一秒以内に三人以上が押したらそれが一ポイントとして機械によって記録され認められるという採点方法で争いました。ですから、いいパンチに見えても、ジャッジの三人以上が一秒以内にボタンを押さなければそれは有効打にはなりません。こうして両選手はポイントを重ね、二〇ポイント以上の差がついたらテクニカルノックアウトになりますし、ノックアウトやレフリーストップコンテスト（プロボクシングでいうところのTKO＝テクニカルノックアウトのようなもの）で決着することもありますが、判定に持ち込まれた場合、印象でどちらかの勝ちという採点にならないようにとの工夫がなされた採点方法でした。

機械がただ数字を記録して勝敗が決まるわけですから公平といえば公平ですが、プロボクシングでは有効な攻撃方法である連打がポイントには繋がらないことが多いという問題点もありました。ポイントを獲得するためには連打がいい攻撃にはならないというのはボクシングの競技の本質からいえばおかしな方式ともいえたかもしれません。

私は各階級の決勝を実況したわけですが、諸般の事情により解説者がいなかったため、このルールを説明しつつ実況することのみに集中しました。


ソフトボールは、記憶力のいい方なら覚えていらっしゃるでしょう。日本は予選でアメリカを三十年ぶりに破ったものの、決勝では先制しながら延長戦の末、サヨナラ負け。銀メダル獲得は素晴らしかったのですが誠に悔しい結果でした。

ソフトボールの野球に似て非なる部分を実況中は気をつけました。

まず、一塁ベース上での接触プレーを避けるため、通常のベースと同じ大きさのオレンジ色のベースをそっくりそのまま一塁ベースの外側に置く「ダブルベース」という方式。

また指名打者を投手以外でも起用できることや、いったん退いても、もう一度試合に復帰できる

「リエントリー」制度などは、普段ソフトボールになじんでいる人以外では知らないことですので、繰り返し紹介し、説明することを心がけました。日本が勝ち続け、メダルに向かって突き進んでいただけに、こういったことをしっかり説明することで多くの日本の視聴者の方々にソフトボールのルールを理解していただき、その魅力を伝えるのはより重要なことだったと思います。

日本が予選リーグでアメリカと戦う少しまえのこともついでにお話ししておきましょう。

ソフトボール関係者に「もし日本が勝ったら何年ぶりですかね?」と尋ねたところ誰も即答できませんでした。日本ソフトボール協会で主に記録を担当されている方にうかがっても、「三十年前の世界選手権で日本はアメリカに勝って優勝していますから三十一年以上勝っていないわけではありません。それ以降勝ったかどうかですが……どうでしょうねえ。勝っていないような気がするので三十年ぶりの可能性が高いですが、少し時間をください」という反応でした。

彼も責任を感じていたのでしょう。しっかり調べてくれて「四家さん、三十年ぶりで間違いありません!」と試合が始まるまえまでには教えてくれたので、私は自信を持って三十年ぶりの勝利であることを試合中に伝えられたのです。

これは日本ソフトボール協会の名誉のために申し上げておきますが、当時のアメリカはそれほど強かった。つまり、誰も日本が勝てるなんて思っていなかったから、「勝てばいつ以来なんだろう?」などとは考えなかったということなのです。無論、まだ協会内で記録の整理が十分にできていなかったという側面もあるにはありますが、私も正直のところ勝てるとは思っていませんでした。

ただ、実況アナウンサーの職業病的な感覚で「よもや？」と思った、それが実況では大いに役立った、というより大恥をかかずに済んだということです。

もし、事前にこのやり取りをソフトボール協会の方としていなかったら、「私は実況中、いやぁ、解説の三宅さん（三宅豊氏、現・日本ソフトボール協会常務理事・選手強化本部長）、アメリカに勝ってしまいましたねえ。いったいいつ以来なんでしょう？」などというたいへん恥ずかしい実況をしているところでした。おそらくその日の「シドニーオリンピック・ハイライト」やスポーツニュース、そして翌日のスポーツ新聞の見出しでも

「日本、三十年ぶりにアメリカを破る！」

と大々的に報じられているのに実況アナウンサーがそれを知らなかったという失態を私は演じていたはずです。

女子ソフトボールについてもうひとつ付け加えておきますと、アメリカに予選リーグで勝ちながら決勝で延長の末、サヨナラ負けというこのときの無念は、八年後の北京オリンピック、大黒柱・上野由岐子投手を中心とした充実した戦力での金メダル獲得に繋がっていくわけです。

多くの方が、ボクシング（ここでいうボクシングは広く知られているプロボクシングとは異なるスポーツです）もソフトボールもオリンピック以外（ソフトボールは現在正式種目ではありません）では、ほとんど観ることはないでしょう。典型的な「四年に一回しか観ないスポーツ」の魅力をい

かに伝えるかに心血を注いだシドニーオリンピックでした。

もちろん、オリンピックで実況経験のあるアナウンサーの先輩後輩諸氏はみな、私と同じように、あるいは私以上にルールや競技の見方などに細心の注意を払って実況されたことでしょう。

オリンピックで実況するということは、ごく一部の例外を除いて、一般にはなじみのない競技を実況するということなのですから。

競技のレベル

話が若干脇道にそれましたが、スポーツの一般認知度別の実況の違いが、ある程度ご理解いただけたのではないかと思います。

日本人にとって決してなじみが薄いとは言い切れなくてもルールや競技の見方などについて細かく説明を加えていきながら実況すべき競技(球技)もあります。

その代表例が、一般的にルールが難しいと思われているラグビー(ユニオン)とアメリカンフットボールでしょう。この二つの球技については後述します。

次に、これも大事な要素の一つだと思うのが、競技のレベルについてです。

これはプロかアマチュアか、国と国との対決か、国内での争いか、全国大会に進出するための地方予選での戦いか、シニアレベルか大学レベルか高校レベルか、といった違いです。

野球を例にすれば、プロのエースピッチャーなら球威、コントロールなど当然といえるレベルがありますからそれについていちいち感心していたらおかしなことになります。内外野の守備についても同様です。普通の内野ゴロでダブルプレーが成立しても取り立てて騒ぐようなことではありませんが、これが高校野球だと様相が違ってきます。一四〇キロ程度の速球で打者がまったく打てなかったらそれはピッチャーを褒め称えて然るべきですし、その球をホームランにするようならバッターについてはプロの場合の倍ぐらい高く評価すべきだと思います。またピンチで内野手がキビキビした動きでダブルプレーを成立させたらそれはそれだけで好守備ということだと思います。

田中将大投手がＭＬＢの相手チームの八番バッターから三振を奪って大騒ぎをしたらそれは田中に対してむしろ失礼ですが、高校野球地方大会準決勝でエースピッチャーが相手チームから三振を奪ったら、それが何番バッターであろうと「ナイスピッチング」なのです。

また、高校の大会では一流選手であってもその扱いには配慮が必要なこともあります。

高校ラグビー、地方大会の中継でこんなことがありました。ある主力選手が激しい接触プレーで負傷しました。どうやら膝を痛めたようなのです。その選手は交代し、実況の私は解説者と「大事に至らなければいいのですが……」などと話しながら中継を進めていたら、すぐに新米のリポーターから「内側じん帯損傷です」という情報が入りました。最近はチームにドクターがついている高校もありますが、それにしてもずいぶん早い情報だなと思いながらも、「そうですか。となると今季はもう難しいかもしれませんね……」などとその情報をもとに解説者と話を進めてしまいました。

とにかくチームのキーマンとなるような選手ですから「スポーツ中継としてこの選手がいないとな

ることれは大きなニュース」ととらえた私は、あくまでその尺度からでのみ実況したのです。

ところが、この情報は私が「ずいぶん早いな」と思ったとおり勇み足だったのです。確かにじん帯を痛めたのですが、はっきりとしたことはこの段階では分かっていませんでした。しかも軽傷であったためおよそ二週間でこの選手は復帰できたのです。つまり「今季絶望」ではなかったのです。この高校の選手はみな優れたスポーツドクターに普段から診てもらっていたからということはありますが、新米のリポーターの情報は、彼には失礼ながら疑ってかからなければいけませんでした。

この高校の監督から試合のビデオを観てから、「期待している親族やご両親の気持ちも考えてください。あれでは本人もかわいそうです。リポーターがどんな情報を入れようとも実況であそこまでいわれては困ります。謝る？　もう放送されてしまった以上、今さら謝っていただいても……」というきついお達しがありました。

まさにごもっとも。「この選手がいなくなったらたいへんだぁ」ということばかりが気持ちのうえで優先してしまっていました。これがトップリーグの試合、あるいはラグビーにおける国と国との公式戦であるテストマッチなどならあるいは許されたのかもしれないのですが（そもそも、そんな大きな試合なら負傷退場直後にすぐケガの症状など情報として入ってくるはずはありません）、高校生の身内の多数が熱い声援を送っている試合であることを私はもっと認識していなければいけませんでした。配慮が足りなかったなあと深く反省したものです。

もちろん私は、いつも大ケガなどなく試合が終了してほしいと願いながら実況に臨んでいますが、

「ラグビーでケガはつきもの」というような感覚が正直なところあったのもまた事実です。日常的な出来事のようにとらえてしまったことによる失敗です。

試合が行われている選手の年代や、中継される試合の規模についてはつねに意識しておかなければいけないということです。

野球・ゴルフなどは基礎的なルールの説明などしないのが当たりまえと申し上げましたが、それとは別に「これぐらいのことは知っておかなければ」やってはいけない競技もあります。

その代表例が、エンターテインメント系スポーツで、プロレスや一九八〇年代以降登場した総合格闘技とその系統のスポーツです。

プロレスの実況をするのに出場している選手の得意技や一般的なプロレスの技名も知らなかったらファンにとってはシラケてしまうわけですし、また総合格闘技の場合、その歴史、変遷などについて知らなかったらこれまた実況の資格はないといわれるでしょう。観戦者の多くは今までの流れに精通している非常にマニアックな方が多いので、深い知識が必要とされるのです。

かれこれ三十年近く前の話ですが、フリーアナウンサーの先輩でこんな話を聞いたことがあります。この方は、それまでもさまざまなスポーツの実況をされていましたが、ある日、プロレスの実況を任されたのだそうです。しかし、もともとプロレスの知識がないうえ、たいした勉強もせず、勢いだけで実況に臨み、何でもかんでも解説者に聞きながら進めていったところ、放送終了後、即座に番組プロデューサーから「もういらっしゃらなくていいです」と告げられたそうです。

冷たい言い方にはなりますが、当然でしょうね。

競技の進歩

実況アナウンサーの事前準備のところでも記したように、スポーツはこの半世紀ほどで競技レベル・環境等がずいぶん進化・変化してきました。

ここで、いくつかの競技の変化、環境の変化について、おさらいしておきましょう。

まず、陸上競技の短距離でいえば、日本では「短距離はスタートダッシュこそがすべて」のように考えられていた時代が長く続きました。これは日本陸上競技界において、オリンピックの百メートルで歴史上唯一のファイナリスト(一九三六年ベルリン大会)になった「暁の超特急」といわれた吉岡隆徳さんの考えによるものでした。驚異のスタートダッシュで知られた吉岡さんの愛弟子である飯島秀雄選手もやはり「ロケットスタート」といわれた猛烈なスタートダッシュで日本の短距離界をリードしていました。半世紀前のことです。

飯島秀雄選手のスタートは、恐ろしいほど速く、日本では無敵でしたし、四十メートルぐらいまでならほんとうに世界一だったのですが、中間疾走からフィニッシュに至る過程で失速し、結局、百メートルでは世界で勝負できるところまではいきませんでした。

「スタートダッシュだけではダメ」ということが日本短距離の指導者にもわかってきたのは一九八〇年代頃からでしょうか。そして朝原宣治や伊東浩司、末續慎吾らの登場によって、急激に中間疾走以降のスピードがアップしてレベルが上がり、それに次ぐ世代から桐生祥秀、サニブラウン・ハキームらが今、世界に挑もうとしています。トレーニング方法も科学的になり、日本短距離は世界と戦える力を備えるまでになりました。

もっとも世界は、長年にわたってアメリカこそが短距離王国でしたが、ジャマイカが国を挙げて短距離ランナー育成に取り組み、近年は男女ともジャマイカ勢が中心となり、さらに先を行っているのは申し上げるまでもありません。

逆に長距離、特にマラソンでは男女ともに世界トップレベルだった日本は、今や男子など完全な二流国、女子も高橋尚子、野口みずきぐらいまでは世界と伍して戦えましたが、近年は世界の頂点を狙うには厳しいレベルです。男女ともに明らかにレベルダウンしているのに加え、一九八〇年代ぐらいまではごく一部のエリート選手(ここで申し上げるエリートとは競技レベルではなく社会的地位のことです)だけが競技していたケニア、エチオピアなどの北アフリカ勢が一九九〇年代以降、本腰で強化に乗り出したこともあって一気に差が広がってしまいました。日本のみならず他地域の選手たちもほとんど歯が立たなくなっています。北アフリカ勢の独壇場です。

水泳(競泳)も変わりました。近年「記録の出る水着」なども登場して話題になったように、競泳は水の抵抗との戦いという側面があります。したがって、泳法もどんどん変化してきています。

平泳ぎの泳法は一九七二年、ミュンヘンオリンピックで田口信孝選手が百メートルで金メダルを獲得した頃はストロークごとに頭が没する「水没泳法」は違反でしたが、今は問題ありません。どんなキックが違反になるのかといったバタフライのドルフィンキックとの違いも基準が細かく変わってきています。一九八八年、ソウルオリンピックで現・日本水泳連盟会長でありスポーツ庁長官でもある鈴木大地選手が百メートル背泳ぎで金メダルを獲得したときには認められた「無制限のバサロ泳法」はその後、スタートまたはターン後、十五メートルまでに改められるなどルールの変更も特種目(平泳ぎ、背泳ぎ、バタフライ)にはかなりあります。

無論、自由形は「自由」ですから一番変わってきました。半世紀前にはバタ足がたいへんな水しぶきを上げていたものですが、一九七〇年代には2ビート泳法が席巻。腕の力だけでもスピードはさほど変わらないことが証明され長距離を中心に広まり、また現代では手も足もパワー重視になってどんどん記録を縮めてきているわけです。

競泳は水の抵抗をどうすれば小さくできるかを科学的に解明しながら、これからも泳法が進化していくことでしょう。

サッカーはヨーロッパの一部でしかプロがなかった時代からその後は世界的にプロ化が進み、ご存じのように日本でも一九九三年にJリーグができ、飛躍的に競技力が向上しました。

一九六八年のメキシコオリンピックで銅メダルを獲得してから数年間、サッカーは日本でも日本リーグ(現在のJFL)がかなりの盛り上がりを見せましたが、それは文字どおり数年間だけでした。

Jリーグ世代以降の人には信じ難いかもしれませんが、サッカー人気が低迷しだしてからは、一九九〇年代前半まで日本で最も盛り上がるサッカーの大会は正月の高校選手権だったのです。

バスケットボールは、世界的にはNBAの発展とともに競技力が向上してきたといっても過言ではないスポーツです。一九七〇年代から八〇年代、カリーム・アブドゥル＝ジャバー、ラリー・バードといったスーパースターの登場を経て、マジック・ジョンソン、マイケル・ジョーダンなどバスケットボール界の域を超えた超がつくビッグネームの出現で、個々のプレーも戦術も長足の進歩を遂げました。

国内の組織統合に何年もかかっているハッキリいって情けない状況の日本も競技力の向上がないわけではありませんが、二十年以上前のサッカーのように今も高校生の大会が一番観客を集めるイベントになっているのは残念至極です。バスケットボールは世界でも日本でも競技人口はとても多いですし、かつては男女共にアジアの盟主、あるいはそれに近い存在だった時代がある日本は、競技力の向上を純粋に目指せる体制にするまでかなり無駄な時間を費やしましたが、女子がたくさくオリンピック出場を決めました。あとは男子も早く世界の舞台に立てるようなレベルの向上を図ってほしいと願わずにはいられません。

野球はこの半世紀で打撃技術がずいぶん進歩しましたし、投手の変化球も多彩になってきました。そのため、一球ごとの間合いは長くなるばかりという弊害も生んでいます。

ラグビーは、一九八七年にワールドカップが初めて開催されたあたりから一気に変化の度合いが加速し、一九九〇年代にはプロ化が認められ、今や三十年前とは特にフィジカル面ではまったく違うスポーツになりました。

このように技術や体力、そして球技においては戦術、ボールを含む道具を使う競技ではそのほとんどが大きく進化しました。ただし、道具の進化は技術の退化にも繋がることがあり、必ずしもすべての競技が「進化した」と断言できない要素も含んでいます。

例えばゴルフです。かつて、クラブはウッドとアイアンでしたが、そこに現在はユーティリティが加わりました。クラブの使い方、腕の振り方など高等技術のうちのいくつかはクラブの進化により必要なくなったといえるかもしれません。

また、ウッド（木）といっても実際にはフェイスが木のクラブなどほとんど消滅し、ドライバーの飛距離は三十年前のクラブとは比べものにならないぐらい伸びていますから、ロングホールでの2オンの比率もどんどん上がっています。

これには反発力が飛躍的に伸びたボールの進化も一役買っています。2オンできなくても三十年前のクラブならグリーンまで百ヤード近くあったものが平均すれば五十ヤード未満になっているはずですから、技術は変わらなくてもスコアが伸びる可能性が高まりますし、あるいは三十年前より技術が劣っていてもスコアは伸びるかもしれません。

パターは長尺のものが近年の流行でしたが、二〇一六年一月からはアンカリング（パッティングの際、顎・胸・腹などでパターの一部を固定する打法）での使用が禁止になりました。かつて誰もがやっていた身体のまえで、両手でしっかりとパターを持って打つという光景だけがまたグリーン上で見られるようになりました。パッティング技術そのものが長尺パターによって衰えたかどうかまでは不明ですが、長尺パターに変えた選手が増えたということは長尺パターのほうが正確なパッティングをしやすい傾向にあったということでしょう。

とにかく、クラブ、ボールの進化はショット、パットともにゴルファーそのものの技術向上には繋がっていないといえそうです。

大衆スポーツの代表格であるボウリングは、ボールが半世紀前とはまったく違うものになりました。ボウリングのボールには大きさと重さ、そして硬度以外の規制がないため、ボールの進化の度合いはケタ違いです。しかし、ピンは重さも材質も変わっていません。近年、アメリカのＰＢＡ（全米プロボウラーズ協会）では、ピンを重くする動きもあるようですが、まだ世界的に広まってはいません。

一九七〇年代あるいは八〇年代のボウリングしか知らない方は、今、ピンがあまりにも簡単に次々に倒れてしまって驚かれると思います。ボウラーはボールの特質に合わせた投げ方になるので一概に昔より下手だと断言はできませんが、五十年まえとは違い、「ボールが勝手にピンを倒してくれるようになった」感のある今のボウリングでは、ボウラーの技術も平均的には落ちていると思います。

他にも「道具の進化はあってもそれによって選手の技術は逆に伸びていない」スポーツは私が勉強不足なだけで、あるのかもしれません。

ここで私が申し上げたいのは、「変化＝技術の進化」とは限らないということです。それでも、とにかくどのスポーツもこの半世紀で「技術が変化」してきたことだけは間違いありません。

さらに多くの競技が「見せる」こと、「魅せる」ことを強調するようにもなりました。

簡単にいえば、選手のユニフォーム、ジャージなどははるかにカラフルでオシャレになりましたし、ただ強いだけ、速いだけというようなスポーツ選手はほとんどいなくなりました。

半世紀前にもいくつかの競技でプロが存在しましたが、ラグビーの例にも見られるように多くの競技で新たにプロ化も進みました。

一九六四年の東京オリンピック、陸上競技百メートルに10秒00で圧勝し、百メートル×四リレーのアンカーとしてもアメリカの金メダル獲得に貢献した「黒い弾丸」と呼ばれたボブ・ヘイズは、「陸上競技でいくら優勝しても食べていけない」のでアメリカンフットボール（NFL）の選手に転向し、WR（ワイドレシーバー）として大活躍しました。

それまで広義でいうところのアマチュアスポーツだった陸上競技（トラック＆フィールド）は

一九八〇年代、カール・ルイスの登場によってプロ化が急速に進み、近年、世界の陸上短距離界をリードするジャマイカが生んだスーパースプリンター、ウサイン・ボルトは、速く走るだけで巨額の富を得ています。

陸上は見せる、魅せる競技に変わったのです。

バレーボールにも卓球にもずいぶんまえからプロのリーグが存在し、スキーのアルペンやジャンプの選手などは滑る、跳ぶ広告塔です。

かつてIOCのアベリー・ブランデージ会長が、オーストリア・アルペンスキー界の第一人者であり金メダル候補でもあるスター選手のカール・シュランツをスキーメーカーのCMに出たりメーカー名がわかるスキー板で滑ったりしたため、「走る広告塔」だとして一九七二年の札幌オリンピック直前になって出場させなかった(アマチュア資格停止)頃と比べたら隔世の感があります。

アマチュアスポーツの祭典だったオリンピックは今やほとんどの競技でプロの出場が可能になり、近代オリンピックの創始者ピエール・ド・クーベルタンが発したといわれる名言「オリンピックは参加することに意義がある」など死語になりつつあります。

企業は有名スポーツ選手を利用して売り上げ拡大を図り、選手はその企業から契約金をもらって生活し、さらにトレーニングや活動費に充てるという今では当たりまえの図式は、私が子供の頃、ほとんどのスポーツ界にはなかったことでした。

イベントの中継権が次第に高騰化し、そこに大手広告代理店がからんで、巨額の金が動くようにもなりました。その最大級のものがオリンピックやＦＩＦＡワールドカップであることはご存じのとおりです。

こういった変化がスポーツ中継の、特に地上波型の中継に多大な影響を及ぼしているのです。

スポーツ実況アナウンサーについてお話しするにも、このようなスポーツ界内外の変化も踏まえていることが必要だと考え、私なりに理解していることを簡単に記しました。

第三章　各種スポーツ競技の実況

世紀の祭典「東京オリンピック」

さて、そろそろ個別の競技についてお話ししていきましょう。

先にも一九六四年の東京オリンピックを知る最後の世代と申し上げましたが、当時、六歳の幼稚園児だった私の東京オリンピックの記憶は鮮烈です。

二〇二〇年に東京で二度目のオリンピック、パラリンピックの開催が決まって以降、現時点でもいろいろなところで当時のことを振り返ったり語ったりするテレビ番組がありますが、千葉県松戸市に住む鼻タレ小僧であった私にもとてつもないことが起こっている雰囲気がわかりました。

私の知るかぎりでは誰も語っていないので、ここでは一九六四(昭和三十九)年の「カレンダー」についてまず申し上げておきましょう。

一月から十二月まで一枚になったカレンダーがあります。一九六四年にも当然ありましたが、その十月(東京オリンピックは十月十日から十五日間開催)は、毎日が五色に塗り分けられていました(たぶん、どこで作られていたものでもほとんど例外なしです)。平日も土曜日も日曜日もないのです。一日が黄色なら二日が青、三日が赤というように。

私が父だか母だかは忘れましたが、「なぜ十月はこんなふうに色分けされているの?」と訊いたら、明快に「十月はオリンピックだから」という答えが返ってきました。

わかったようなわからないような答えですが、「十月」は特別なものなのだということは理解できましたし、「東京五輪音頭」という曲もいつしか巷では流れはじめ、オリンピック記念百円銀貨が市場で出回りだしました。貴重なものとして語られている千円銀貨とは違い、百円銀貨は大量に作られたため、記念に持っていて使わないなどという人はほとんどいなかったのではないでしょうか。私もおつかいにいって買物をしたときのお釣りでもらったり、逆に買物をするときに使ったりしました。

ちなみに六歳は、簡単なおつかいぐらい一人で行くのはあたり前の時代でした。

記録によれば、東京オリンピック記念百円銀貨は、一九六四年九月二十一日に発行となっていますから大会の二十日ほどまえから出まわったわけです。これも私の知るかぎりですが、市場にたくさん出まわった記念硬貨というのはこの百円銀貨だけだったと思います。

でも、こういうことがあると東京オリンピックが身近なものに感じられたという効果もあったのかなという気が今になってみればしないでもありません。経済には疎いので詳しいことはわかりませんが、高度経済成長真っ只中の日本、大量の記念硬貨の発行は経済成長に拍車をかけたのではないでしょうか。

六歳という年齢をどう評価すればいいのか、ハッキリいえることは、最低限のことは理解できる年齢でした。

そういう年にオリンピックが当たりまえのように開催された(鼻タレ小僧にはそう見えました)。このようなイベントはまた当たりまえのように日本で開催されるのだろうと私は勝手に思い込んでいました。

テレビでスポーツのことばかり話題にしているような印象でしたし、それがまた観ていて楽しい。私をスポーツ観戦大好き少年にしたのは紛れもなく一九六四年の東京オリンピックがあったからでした。ただし、こんなイベントが日本で行われることは二度となかった、いや二〇二〇年に東京で二度目のオリンピックが開催されますが。

一九六四年の東京オリンピックで最も印象に残っているシーンはと問われれば、それは迷わずマラソン(当時は男子のみ)の円谷幸吉選手の銅メダルを挙げます(幸運にもその場にいることができた閉会式も忘れ得ぬわけのわからぬ感動でしたがこれについては後述します)。

国立競技場で開会式(閉会式も)が行われ、しかも、そこで連日走ったり投げたり跳んだりしているのを延々と放送しているのですから幼な心にもなんとなく陸上競技はメインの競技なんだというのがわかりました。

極端な言い方をすれば、「陸上＝オリンピック」ぐらいの感覚が即席で出来あがったといってもいいでしょう。

そして、日本は女子八十メートルハードル(現在は百メートルハードル)で依田郁子選手が五位になったのを除けば(他に男子一万メートルで円谷幸吉選手が六位ですが、このレースは正直のところ印象が薄い)、ほとんど世界に歯が立たないのもわかりました。だから「一人ぐらい日本人が活躍しないものか」と思っていたのです。

最終種目であるマラソンを日本の陸上関係者が祈るような気持ちで見ていたということはあとからいろいろな文献で知りましたが、六歳の幼児である私も次元はまったく違っていましたが期待していたのです。

その日もいつものように私は近所の幼稚園にかよっていました。一九六四年というのは、少なくとも私が生まれ育った千葉県松戸市はまだまだのどかな時代で、全国的には幼児誘拐事件などもないわけではありませんでしたが、現在のようにバスで幼稚園まで送り迎えというのはなく、みな、自宅から幼稚園まで歩いてかよっていました。無論、友達同士で誘い合って一緒にというのもあったでしょうが、歩いて十分もかからなかった私は毎日一人で幼稚園までかよっていました。

マラソンがどうなっているのか気になりながら帰ってくると、わが家では祖母やまだ独身だった叔母がテレビでマラソン中継を観ていました(両親は共稼ぎでした)。レースはすでに終盤で、淡々とまるで機械のように軽快に走る黒人選手がトップを独走していました。エチオピアのアベベ・ビキラ選手です。まるで近所に買物でもしに行って走って帰ってきたかのように楽々とトップでゴール（まだフィニッシュなどという表現はありません）。そのあとは柔軟体操などをしていました。呼吸が乱れているようにも見えず、ただただ「すごい！」と思ったのを覚えています。大差はついていましたが、二位には円谷選手がいることも中継で伝えていました。

「あんな怪物みたいな黒人はしょうがないけど、このまま二位に入ったらいいな。やっと《日本人がオリンピックでメダル》を取れそうだな。それも銀メダルならかっこいいや」（実際はすでに他競技でいくつもメダルを獲得していました）と思ったものです。

ところが、後方には、ぴたりと白人選手がついています。私はいやな感じで観ていたのですが、心配は国立競技場に二人が戻ってきてから現実のものになってしまいます。

バックストレートに入ってから、二人の差が急激に縮まり、アッという間に円谷選手は抜かれてしまいました。これはあまりに有名なシーンなので、若い人でもご覧になった方は多いでしょう。抜いたのはイギリスのベイジル・ヒートリー選手。円谷選手は銅メダルを獲得し、表彰式で国立競技場に初めて日の丸が翻り、それはそれで素晴らしかったのですが、あの時の悔しさを私は今も忘れません。

しかも、映像の権利など今よりはるかに緩やかな時代なので、その後、何十回、何百回とあのバックストレートの瞬間がいろいろな番組で繰り返し流されるわけです。ＶＴＲですから何度観ても必ず円谷選手は抜かれるのですが、ひょっとすると今度は抜かれないかも……というありえない期待のような変な気持ちを抱いてまた観る、そんなことを繰り返しているうちにいつしか私は「円谷選手の仇をとる！」などと非常識なことを考え、暇があると近くの中学校の校庭を走るようになり、翌春、小学校に入ったら砂埃の舞う校庭を休み時間になると黙々と走るようになっていました。

これをある日、授業参観で学校に来た母が見て仰天し、「こんな砂埃のなか走って身体にいいわけないでしょう。やめなさい！」とひどく怒られたので、やめましたが、その後も私は自らの身体能力、心肺機能のレベルは棚に上げ「長距離ランナー」への夢は断ちがたく、高校で陸上部に入ることになりました。

マラソン実況のために

前置きが長くなりましたが、まずは地上波型のマラソン中継について。

マラソン、駅伝といったロードレース（自転車のロードレース、トライアスロンなども同様）では、メインの実況アナウンサーはスタジオでテレビのモニター映像だけを見て解説者としゃべるいわゆるセンター方式で実況します。

センター方式については、すでにこの業界の諸先輩方がさまざまなところで述べていますので、ご存じの方も多いと思いますが、これはレース中、いろいろな情報が入ってくるのと同時に、レースの全体像が見やすいですし、事前に作成してあるＶＴＲの紹介などもあるためです。

かつてはメインの実況アナウンサーも解説者とともに移動中継車に乗っていましたが、それはもう半世紀近くもまえのこと。今、その役割は移動中継車に乗ってリポートする(呼び方はいろいろですが)サブアナウンサーになっています。私は駅伝の実況経験はありませんが、駅伝では移動中継車からのリポートがマラソンよりもさらに重要ですので、一概にサブアナとは言い切れないかもしれません。

私が務めていたテレビ東京は以前、世界の主要なマラソン中継に力を入れていたので私は世界各地でマラソンの実況をすることができました。マラソンには先述したような特別な思い入れがあるので、いきなりボストンに行くことになったときには興奮しました。ボストンマラソンは、サブ、メイン合わせて六回実況させていただきました。

はじめはサブ(現地では移動中継車からの中継システムがなかったためそのフリをして実況)でしたが、なんといっても歴史と伝統のボストンです。コースはしっかり把握して四二・一九五キロのドラマをと張りきったものです。「視聴者の方に私の六歳のときのような悔しさは感じなくてもいいけど何か心に残るような中継になったらいいな」と思って臨んでいました。

ボストンマラソンは十九世紀末からはじまり、今や百回を優に超える回数を誇っています。何度かコースのマイナーチェンジはあったものの、ボストン市の郊外から中心に向ってくる片道——ワンウェイ——のコースで争われる点は変わりありません。その歴史には、威厳さえ感じますが、はじめて車でコースの下見をしたとき、スタートから基本的に下りっぱなし、それもかなりの急坂なのには正直驚きました。

かつて、マラソンを含むロードレースでは歴史上、最速の記録が出たとき、世界新記録ではなく世界最高記録という表現を用いました。これは、ロードレースはコースによって条件が違い過ぎるのですべて参考記録扱いという意味だったのですが、現在ではマラソンもスタートとフィニッシュ地点の高低差などいくつかの基準をクリアしていれば公認コースということで、公認記録扱いになりました。つまり、マラソンの公認コースで最速の記録が出ればトラック競技同様、現在では世界新記録なのですが、ボストンはスタートとフィニッシュ地点の高低差がありすぎるため公認記録にはなりません。

したがって、ボストンマラソンでは二〇一一年に二時間三分二秒という当時の世界記録を上回るタイムでケニアのジェフリー・ムタイが優勝しましたが、これは公認記録ではありません（現在のマラソンの世界記録はケニアのデニス・キプルト・キメットが二〇一四年九月二十八日にベルリンマラソンでマークした二時間二分五七秒）。

しかし、あの下りっぱなしのコースを走るのは、確かにスピードは出るでしょうが膝の負担も相当なものです。そして、二十八キロ過ぎからは一転して約五キロにわたって断続的に三回（あるいは四回とも解釈できる）続く通称「心臓破りの丘（ハートブレイクヒル）」を登らなければならないかなり過酷なコースなのです。だからボストンでは、高低差がある優位の割にはそれほど記録が出ていないのです。

このハートブレイクヒルを過ぎればフィニッシュはもうすぐかといえばそうでもなく、まだ十キロ近く走らなければならないのもボストンの難しさですが、それでもスタート地点よりフィニッシュ地点がはるかに低いというのは事実ですし、また、国際陸上競技連盟（ＩＡＡＦ）はワンウェイコースも認めていませんので、公認コースにはあてはまりません。

ならば、ボストンのコースをＩＡＡＦに公認記録にしてもらうために変更すればいいのではという声を、私の知るかぎり聞いたことがありません。同じくボストンに本拠地があるＭＬＢのボストン・レッドソックスの本拠地、左右非対称の域をはるかに越えた変則の形状であるフェンウェイパークのかたちを変えようなどという声がないのと同様、これが「伝統」というものなのだ、と強く感じます。

「別にＩＡＡＦに公認されなくてもいいのさ。ボストンマラソンなんだから」といったところでしょうか。


ボストンマラソンでの最後の実況中継に行ったのは十年以上もまえですが、公園を散歩している地元在住らしい初老のご夫婦を見つけたので、ボストンマラソンのことをたどたどしい英語で伺うと、「年に一回のわれわれボストン市民にとってほんとうに誇るべきイベントだ」という答えが返ってきました。その目がお二人ともキラキラと輝いていたのも覚えています。

それほどすばらしい「This is a Marathon」といってもいいのが、ボストンマラソンなんだと思います。

ＩＡＡＦが公認記録扱いしなくてもボストンマラソンをオリンピック、世界選手権を含めたワールドマラソンメジャーズ（オリンピック、世界選手権以外では六大会）のひとつにしているのはそのためでしょう。

ボストンマラソンのコースはただ単に下っているというだけでなく、郊外からの一本道なので、コース周辺はよくいえばのどか、悪くいえば殺風景なままレースは進んでいきます。少なくともハートブレイクヒルまではあまり紹介するものも多くはありませんが、二十キロ付近でウェルズリーカレッジという名門女子大のまえを通るので、そこでは沿道に若い女子が増えたり、またこの女子大があるウェルズリーの町のなかでは酒類はいっさい販売していないなどということも事前の取材で分かっていたので、実況のサイドネタとして使ったものです。

このような情報を入手するために、海外からの実況ではコーディネーターにたいへんお世話になります。というより、英語力のない私を含め中継スタッフはコーディネーターなしには何もできません。私はいつも優秀なコーディネーターに恵まれたと感じていますが、この優秀なコーディネーターのおかげでボストンではハートブレイクヒルの間違った解釈に気づくこともできました。

「ハートブレイクヒル＝心臓破りの丘」

と訳されているこの丘（登り坂）のことを私は、「下りっぱなしのコースだったのに急に登り坂になるので、心臓が持たない、心臓がブレイク＝心臓が破れるほどバクバクと鼓動が激しくなる過酷な丘」というような意味だと思っていました。あるいは日本では今も多くの方がこのように思われているかもしれませんが、間違いです。

「ジョニー・ケリーというマラソンランナーが一九三五年にボストンマラソンに初優勝、その翌年も前年に続いて二回目の優勝を目指して二位でこの坂に入り、登りながら前を行くトップのランナー、エリソン・ブラウンという選手に追いつき、さあ、抜くぞとばかりにその肩をポンと叩いたら、そこでエリソン・ブラウンがスパート、逆に突き放されてしまい、ジョニー・ケリーはがっくり来てそのまま敗れてしまいました(二位)。この坂にはかつてそんなドラマがあり、そこからジョニー・ケリー失意の丘＝ハートブレイクヒルと呼ばれるようになりました」

ということがボストンマラソンの歴史を語る文献に載っていたのをコーディネーターが発見し、教えてくれたのです。

ちなみにジョニー・ケリーはその後、一九四五年にもボストンで二回目の優勝を飾り、一九三六年を含め二位も七回という名マラソンランナーで、ハートブレイクヒルの途中にはジョニー・ケリーの像も建立されています。

「ハートブレイク」は普段、日本人は「失恋」の意味で使っています。当然、失意の意味も含まれているのはちょっと考えればわかること。「ハートブレイク＝心臓破り」とはなんとも都合のいい直訳ですが、そうではなく「ハートブレイク＝失意」ということだったのです。だから、ハートブレイクヒル＝失意の丘のほうが訳としては正しいのです。

二十八キロ過ぎからはじまる急な登り坂は、確かに心臓に負担のかかる険しい丘ですし、この年のジョニー・ケリーの一件以外にも約五キロのあいだに数々のドラマが展開された歴史があるのですが、誤った解釈は正さなければいけません。命名の由来も実況担当者として後世に伝えていかなければなりません。以後、私は勝負所のハートブレイクヒルではこの話をするようにしました。

ボストンマラソン担当最初の年こそ、コースの下見は車で行っただけですが、私はどこかもの足りなさを感じていて、翌年はディレクターと一緒に歩いてみました。ボストンマラソンのコースをスタート地点から歩くことおよそ八時間、ハートブレイクヒル直前で急に強い雨が降ってきたので、仕方なくそこからは地下鉄に乗ってホテルまで戻りましたが、その翌年、続きをジョギングしながらフィニッシュ地点まで行きました。

ハートブレイクヒルは体力にゆとりのある元気な状態でもたいへんハードな断続的な登り坂であることがわかりましたし、登りきると妙な達成感があるので、そこからフィニッシュまでが恐ろしく長く感じられました(のちにこの体験が実況で活かされることになります)。

私はボストン以外にも、ロンドン、ロッテルダム、シカゴなど、幸運にも海外の大きなマラソン大会の実況を担当させていただきましたが以降、自分の足でコースの下見を心がけるようにしました。一回歩いた(あるいはジョギングした)ぐらいで何かがわかるということでもありませんが、そのことによって思いもよらない発見ということはあるものです。

ロンドン、ロッテルダム、シカゴはいずれも周回コースですが、ロンドンは全体的に平坦ながらジョギングレベルで走っていてもカーブの多さは気になりましたし、路面の硬いところが多いのもよくわかりました。つまり、平坦とはいえ決して走りやすくはないのです。ロッテルダムではコース終盤の緑豊かな平坦な森のなかを走っているとき、地元のジョガーから「風は爽やか、バード、シンギング！」と声をかけられました。彼はきっといつもこのあたりを走っているのでしょう。ロッテルダムが快適なコースなのがわかったような気になったものです。

このように、コースを歩いてみる、あるいは走ってみる「下見」という名の事前取材はとても興味深いものであることがわかっていただけたら幸いです。

そして、これはあくまでも地上波型での話といえると思います。ボストンマラソンのコース、ウェルズリーの町では酒類の販売がないことなどＣＳ型ではまず事前に知ることはできないでしょう。

マラソン実況の極意

このような世界の大きなマラソン大会の実況を現地でさせていただいたのはまだＷＭＭ（ワールドマラソンメジャーズ）のシステムが構築されるまえのことです。世界のエリートランナーはこの時期（四月）にはボストン、ロンドン、ロッテルダム等に集まってきていました。これはまた、「ケニアを中心とするアフリカ勢が圧倒的な力を発揮する直前〜その兆候が明らかになる」時代でもありました。

二十年ほどまえまでは、この三大会をテレビ東京は何年にもわたって毎年生中継していましたし、二〇〇〇年以降も断続的に（シカゴ、北京なども含め）続きましたが今はやめてしまいました。それは、日本は男女ともに一線級のランナーがあまり出場しなくなった（残念ながらレベルダウンもしています）ことに加え、もはや、こういった大会はほとんどアフリカ大会のようになってしまったことと無縁ではありません。

さて、マラソン中継の一般的な事前準備とはいったいどのようなものかについてもおさらいしておきましょう。

事前準備「記録を争う競技」のところでも記したように、有力選手のパーソナルベスト（自己記録）とそれを出した大会、また五千メートルや一万メートルなどトラックレースにも出場するようなランナーならそのベスト記録とそれを出した大会等を把握しておくことがまずは基本です。そして、今までどんな大会（マラソン、ロードレース、トラックレース、駅伝等）で、どのような成績（順位）を収めているのかも知っておく必要があります。特にマラソンの場合、ベストタイムはともかく優勝経験があるかどうかによって記録面だけでなく勝負強いかどうかもわかってくるからです。

近年のマラソンでは、ペースメーカーと呼ばれるランナーがほとんどすべての大会で設けられるようになり、三十キロぐらいまでは淡々とした流れになりますから、そこまでの実況ではマラソン一般論的な話をせざるをえません。制作サイドとしても、過去の大会の名場面をＶＴＲで振り返ってみたり、有力ランナーの事前インタビューを流したりなど淡々としたレースではなく違った要素で視聴者を惹きつけようとします。

実況アナウンサーは、制作サイドとそのあたりの事前の打ち合わせをしておくことが大事になります。自分で調べた各選手のデータの紹介をするのは三十キロ以降ということになるかもしれません。それまでは、レースのペースの話や、もし有力選手が脱落したらその話などで視聴者の興味をつなぐ、つまりレースがはじまってからだいたい一時間三十分ぐらいはいわゆる想定外の状況にでもならないかぎりは気象条件と五キロごとのスプリットタイムぐらいしかレースの中身についてでは触れる話があまりないのです。

そういう意味では、ペースメーカーの登場によって、記録は出やすくなりましたが（日本記録は停滞していますが）、近年のマラソン中継は味気ないものになってしまっているともいえるかもしれません。かつては後方集団を置き去りにして飛び出すようなランナーがいたり、あるいは先頭争いが集団だったとしても前半からペースが変化したり、ゆさぶるランナーがいたりなど、目が離せないような展開もありました。だから、五キロごとのスプリットタイムで、ペースが上がったか落ちたか、このまま行くと記録はどの程度が期待できるか、気温はどうか、風はどうか……話題は尽きずに実況することができました。五キロごとのスプリットタイムを紹介する意味もペースメーカー以前と以後とでは違うのです。

今は（特に海外のレースは）レースディレクターが存在し、ギャラをもらっているペースメーカーがその指示に従ってレースをつくるので、前半から波乱が起こるようなことはまず絶対といってもいいほどありません。

また、海外の大きなマラソン大会はWMM以外でも多額の賞金がかけられていますし、大会記録や世界記録にはボーナスもつきます。ランナーはレースに文字どおり生活がかかっていますので、しっかりレースをつくってもらわなければ困るわけです(とはいえ、そんな生々しい話を私は実況ではしませんでしたが)。

現代のマラソンはこのような理由からレース後半まで波乱は起きにくいので、余計にコースの特徴についてや街並みなども事前に知っておくことがしゃべるネタとしては役立ちます。まわりがどのような風景になったら何キロかなど、特にレース前半は「選手の背後の風景と走破距離との関係」をよく理解しておくこと、重要なポイントと思われるところでは後ろを振り返りながら事前にコースを歩いたり走ったりして、その映像のイメージづくりをするのは大切な準備です。少なくとも私はそうしました。

ところが、何年もまえからマラソン実況中継(駅伝もですが)では、選手が何キロ地点を走っているか非常に正確に画面の端に表示されるようになりました。技術の進歩とはすごいものです。選手の背後の風景など知らなくても実況アナウンサーはモニター映像を見ながら、「十五キロ地点まで百メートルを切りました」などといえるようになっています。事前準備に時間も金もかけないCS型でも十分対応できるというわけです。

それでも、事前に風景を知っておいたほうが自信をもっていえるわけですから、決して無駄な知識ではないのですが。

これまでのマラソン実況

これまでで印象に残っているレース、マラソンについても簡単に申し上げましょう。

でもそのまえに、まず外国人選手の名前をどう呼ぶ(日本語表記をどうするか)かを決めるのも事前の準備としては大事であることを忘れてはいけません。

誰でも知っているような有名選手については問題はないのですが、エリートランナーだけでも五十人以上が出場しているボストンマラソン、初めて名前を目にする選手も決して少なくはありません。ちなみにオリンピックでは、統一した名前の読み方をNHKと共同通信が中心になって決め、それに従うやり方ですが、単独の放送局がこのような中継をする場合、その場で決めるしかありません。字幕スーパーは現地ではなく日本で作成するという事情もありますから、「優勝争い、あるいは上位に来そうな選手名をどうするか」はわれわれで決めるのです。

私が初めてメインの実況を担当した一九九三年は有力選手が多く、またどのランナーも決め手を欠く印象があり、かなり多くの選手名を中継の前々日ぐらいにディレクターと検討して決めました。

ボストンマラソンのメディア用に配られる資料は膨大なもので、そのなかにエリートランナーのこともかなり詳しく(もちろん英語で)載っているのですが、それでも比較的ベストタイムが遅いランナーになってくると、いったいその記録をどこで出したのかわからなかったりします。それでも、眠い目をこすりながら男女合計で五十人程度のエリートランナーの名前を決め、なんとか最後の二十人ぐらいは最低限の情報だけはという状態にして臨んだら、なんと、その二十人のなかから優勝争いをする選手が出てきてしまいました。

ナミビアの当時無名だったルーケッツ・スワトブーイ(という名前に決めた)選手が、ハートブレイクヒルを過ぎて一気に抜け出し、一時、独走状態になったのです。このまま行ってしまいそうかと思っていたら、モニター映像をよく見ると後方にもう一人、黒人ランナーの姿が……四十キロ手前でグングンその差を縮め、一気にスワトブーイを抜き去ってしまいました。これまた、ケニアの当時は無名だったコスマス・ヌデチとわれわれが名付けた選手でした(ヌデチはこの年からボストンマラソン三連勝、ケニアの場合「ヌ」は発声せずテディと表記するのが望ましいようです)。

そして、そのままヌデチが二時間九分台のベストタイムで優勝。それまでのベストタイムは二時間十四分二十八秒で、いつどこで出したのかはメディア用に配られた資料には記載されていませんでした。

しかし、レース中、現地の放送局が出した字幕スーパーでは前年のホノルルマラソンでデビューしたときに出した記録で、このボストンがマラソン二回目だということが紹介されていました。

実況アナウンサーの基本以前の心がけとして、「百調べておいても、実況ではそのうち一つか二つしか紹介できないものだ」というのがありますが、このときはほんとうに「どうせ二時間十四分台の、それもどこで出したかもわからないようなベストタイム表記しかないランナーなんかどうでもいいや」とは考えず、とにかくディレクターと名前を決め、ベストタイムをチェックしておいたおかげで最低限の紹介ができてほっとしたものです。

この大会では、最終的には三位になったスワトブーイとわれわれが名付けた選手も、のちに来日もする一流ランナーになっていきます。あとからわかったところによると、彼はどうやら「スワルトブーイ」のほうが現地読みに近いようでした。

この大会は事前準備の大切さと同時にボストンのコースの難しさも教えてくれたように思います。私が事前のコース下見でも自ら走って感じたこと、つまりハートブレイクヒルを抜けて独走すればあとはもらったようなもの——ではなく、まだ一勝負あるのだということを。

二〇一三年、ボストンマラソンのフィニッシュ地点付近でみなさんもご存じの悲惨なテロ事件が起こりました。

テレビの映像で、かつては見慣れた風景が映し出され、そこで激しい爆発音と煙。亡くなった方、大けがをされた方のことを思うと言いようのない怒りがこみ上げてきます。

私は、かつてあのテロ事件が起きたすぐ近くで実況していたのです。

ロッテルダムマラソンは、エチオピアのベライネ(ベライン)・デンシモが一九八八年に、二時間六分五十秒を出して優勝したとき、驚異の世界最高記録と騒がれました。事実それから十年間、この記録は破られませんでした。ロッテルダムマラソンのコースは平坦で走りやすく、世界で最も記録の出やすいコースとまでいわれました。

私はロッテルダムでも四回実況させていただきましたが一九九八年、その記録が破られそうになったときのレースは印象的です。

ファビアン・ロンセロというスペインのトップランナーが、デンシモの記録を一分近く上回るペースでトップを独走。しかも軽快に三十九キロ付近まできたのですが、そこで急に立ち止まってしまったのです。彼は屈伸運動をしてまた走り出しましたが数百メートル走ったところでまた立ち止まりました。

何が起こったのか？　モニター映像からは伺い知る由もありませんが、この二回の立ち止まりでリズムが狂ってしまったのかペースが落ち、結局、二時間七分二十六秒でフィニッシュ。立ち止まるほどのアクシデントを考えれば二時間七分台での優勝は立派なものですが、たいへんめずらしいパターンの優勝ともいえるでしょう。でも、もう少しで世界最高記録だっただけに、実況する側にとっては非常に残念でもありました。

ただ、この年のロッテルダムマラソンはそれだけでは終わりませんでした。男女同時スタートのこの大会、女子では、男子のペースメーカーに引っ張られたケニアのテグラ・ロルーペが、男子のデンシモの記録同様、不滅といわれていたイングリッド・クリスチャンセン（ノルウェー）が一九八五年にロンドンマラソンでマークした二時間二十一分六秒を十三年ぶりに破る二時間二十分四十七秒の世界最高記録で優勝したのです。これはやはり興奮ものでした。

この瞬間、男女ともにマラソンの世界記録はロッテルダムで、となりました(半年後ベルリンマラソンで男子の記録は塗り替えられました)。高低差がほとんどなく、私が実況担当した四回はいずれもわずかな風でした。ということは、平均的に風も強くないということなのでしょう。まさにロッテルダムは記録を狙うには理想的なマラソンコースだと思います。

近年あまり記録が出ないのは、オランダ第二の都市ロッテルダムで行われるこのマラソンとほぼ同時期に、WMMに選ばれているボストンマラソンとロンドンマラソンがあり、賞金もかなり違うため、トップランナーは次第にロッテルダムには足を向けなくなったという背景があります。


さて、女子の世界最高記録樹立ということでは、幸運にも私はもう一回立ち会えています。二〇〇一年のシカゴマラソンです。一週間前にベルリンマラソンで高橋尚子選手が人類女性史上初の二時間十九分台である二時間十九分四十六秒の世界最高記録を樹立し、高橋尚子絶賛の熱が冷めないなか、ケニアのキャサリン・ヌデレバ(これも先ほどのヌデチ同様、デレバのほうが現地読みに近いのかもしれません)がなんと二時間十八分四十七秒で優勝。その実況を担当していました。

現地時刻、朝九時スタート、凍えそうなほど寒い朝でした。確かスタート時では気温五度ぐらいだったと記憶しています。

ヌデレバは初め、スローペースだったのですが、気温の上昇とともに徐々にペースを上げ、いつしか高橋尚子選手の一週間前のベルリンマラソンのペースを上回るようになり、終盤は一気に加速。約一分も高橋選手の記録を破ってしまったのです。世界最高記録誕生の実況がうれしくないはずはありませんが、このときばかりは、高橋選手が大記録を出した直後だっただけに、なんとも複雑な心境だったのを覚えています。

こうしてテレビ東京でアナウンサーをさせていただいたおかげで数々の貴重なマラソンの実況経験を積むことができましたが、私がテレビ東京を円満退社したOBである以上、テレビ東京ならではのマラソン中継についてもご紹介しなければいけないでしょう。

テレビ東京が世界の主要マラソンの中継に力を入れていたのは、国内で主要なマラソン大会の中継ができない(中継権を持たない、持てない)からでした。もちろん、スポーツ中継制作スタッフは国内でもマラソン中継がやりたかったのですが、できないものはしょうがありません。

近年でこそ、マラソンや駅伝は秋以降、毎週のように中継されますが、昭和四十年代から五十年代頃、まだ駅伝のテレビ中継は皆無でしたし、マラソンも福岡国際と毎日(現在のびわ湖毎日)ぐらい(いずれも放送局はNHK)しか中継がありませんでした。それは中継のノウハウ自体もまだ民放にはなかったことを意味します。

一九七八年、別大毎日で宗茂選手が当時の世界歴代二位にあたる好タイム二時間九分五秒で優勝したことで、翌一九七九年からTBSが民放としては初めて系列局とも力を合わせてこの大会を生中継することになり、今に至っていますが、それでも年間三大会。この三大会が日本における主要マラソン大会のすべてといっていい時代でしたし、まだ女子のマラソンは公認レース自体が日本には存在しませんでした(一九七九年十一月、IAAFが公認する初めての単独の女子マラソン大会、東京国際女子マラソンが実施された)。

一線級のランナーが出場するマラソン大会は、世界的に見ても今よりはるかに少なかったのです。

画期的な中継「青梅方式」

一九六四年の東京オリンピックから二年ほど経過した一九六七年二月、東京・青梅で三十キロながら「青梅マラソン」と命名された日本で初めての市民マラソン大会が開催されました。

この大会は今も青梅の風物詩として毎年開催されています。第一回大会にはあの円谷選手が出場。その後も市民マラソン大会であり、三十キロという微妙な距離ではありますが、一流ランナーは続々出場(二〇〇〇年以降も二〇〇一年に高橋尚子、二〇〇三年に実井謙二郎、二〇〇四年に野口みずき、二〇一一年に大南博美らオリンピアンが出場)、また若手一線級長距離ランナーの登竜門的な大会としても続いてきました。

そこで、テレビ東京スポーツ中継制作スタッフはこの大会を中継しようと考えたのです。

一九八六年のことでした。

この頃になると、徐々にマラソンやロードレースが増えてきてはいましたが、まだ今のようにあちこちで市民マラソン大会が開かれる時代ではありません。フルマラソンでなくても一線級の長距離ランナーが出場するロードレースそのものに希少価値がありましたから（若手登竜門的な大会とはいえ）この大会をターゲットにしたのです。

ところが、この青梅のコース（折り返しコース）は中継するには致命的な欠点がありました。折り返し点手前の数キロで急激に道が狭くなるため、中継車が入れないのです。大会HPの写真によると現在は折り返し点もかなりの道幅があるようですが、当時はバイクしか入れませんでした。

それでも諦めないところが、当時のテレビ東京の気概だったといえるでしょう。生中継こそ断念しましたが、今も語り継がれる某名物ディレクターは、大会が開催されるその日のうちに録画中継しようと考えたのです。

彼の考え方は次のようなものでした。

中継車は入れなくてもバイクにカメラマンを乗せ、先頭ランナー、あるいは先頭集団を撮影することはできますから、道路が狭い折り返し点前後、数キロの区間はその映像を収録してそれだけでなんとか凌ぐことができます。

もちろん、その前後の青梅マラソンの多くの部分は第一中継車、第二中継車などで生中継と同じようにレースを収録しますし、ヘリコプターも出し、空からの映像の収録もします。そして、それぞれのカメラでの収録をレース終了まで続けるのです。

レースが終わって、その収録されたすべてのテープが一カ所に集められ、どの部分をカットするかを決めます。録画中継といってもすべてを放送するわけではありません。レースの見どころを損なわない程度にＣＭごとにカットして放送するわけです。それが決まったら、あとは収録テープに入っているタイムコーダーの数字を合わせて一斉にテープを回し、録画中継放送の開始です。

テープごとのモニター映像が流されます。まさにいま、レースが行われているかのような各カメラからの映像を見ながら、大きなスタジオでメイン実況、移動中継車実況、ヘリからの実況などのそれぞれの担当アナウンサーがレースを実況します。つまり、実況アナウンス自体は録画映像に生でつけていくという画期的な方式で青梅マラソンの録画中継が実現しました。ＣＭに入ったら、ＣＭ明けにはまた○時○分○秒のところに各テープのスタート地点を合わせ、一斉にテープを回す。この繰り返しです。

中継技術が進んだ今なら違う方式もあるのかもしれませんが、当時はおそらくこれ以上はない方式だったのではないでしょうか。

これをテレビ東京内では「青梅方式」と呼んでいました。その後もテレビ東京のマラソンや駅伝の中継でこの青梅方式は何度か実践されました。

私は青梅マラソンで、まさに青梅方式そのものを経験しました。数年後、大手広告代理店買い切りにより三年間にわたって中継されたおきなわマラソンも青梅方式で、私は三年続けて沖縄で青梅方式のマラソン実況を経験させていただきました。

おきなわマラソンはフルマラソンですが、コースの途中、何と嘉手納基地内を走るというのが最大の注目でした。だから何？　ではありますが、おきなわマラソンは一流ランナーの参加があるわけでもなく、ペースメーカーもいません。アップダウンのきついコースで、下見で部分的に走った私はほんとうにバテました。しかし、沖縄では唯一の日本陸連が公認したコースでもあるということで、このコースで練習すれば鍛えられそうだなと感じたものでした。

では、この青梅方式の実況では、どんなことに注意すればいいのでしょう。

まず、中継するまえに結果がすべてわかっているのは精神的に楽です。レース展開に対応するような話をすればいいわけですから。しかし、もちろん結果はわかっていないふりをしてレースを盛り上げなければなりません。話に緊張感を持たせることを忘れてはいけません。そして、この青梅方式の難しいところは、録画で出す以上、レース展開だけでなく、要所となる映像は漏らさず出すということです。

「ヘリが飛んでいるのは××キロから××キロ地点だからその間にヘリの上空からの映像とリポートを入れなければならない」「××キロ地点の沿道の名物は必ず紹介しなければならない」「市民マラソンなのでそれがわかるような映像とその雰囲気をしゃべらなければならない」等、さらにレースの中身についても、「××と××の激しい競り合いのところはメインではなく移動中継車のリポートで」などという番組の構成、演出もある程度、オンエアーまえに決められます。

私は青梅方式ではメインの担当しかしたことがありませんが、レースの描写や解説者とのやり取りに集中し過ぎて、事前に打ち合わせをしていた他の実況担当に話をふらなければいけないところで、そのタイミングがズレてしまい迷惑をかけたことが何度かありました。

なのでこの方式は、実況する側としては展開がわかっているわりにはレースに集中しにくく、次はどのカメラの映像に変わるかを常に気にしていることにもなり、結局、ただレースを伝えるだけというようなことになってしまう傾向にあったと思います。無論、それは私の技量不足だったからという面もあったでしょう。放送されたＶＴＲを観るとそういう思いも強くします。

青梅マラソンもおきなわマラソンもテレビ東京は中継をやめてしまいましたが、どこもやらないことに挑戦するテレビ東京の歴史の一ページであったことだけは間違いありません。


さて、こういうこととは別に、ある尊敬する先輩のアナウンサーが「マラソンの実況というのは何度やっても、いろいろな発見があるし、思いもよらないことも起こる。やりがいがあるね」とおっしゃっていました。

マラソンはペースメーカーの出現で味気なくなったとはいえ四二・一九五キロも走るわけで、そこには確かに何か人を惹きつけるものがあると思います。テレビ東京を辞めて、エリートランナーが出るような大会を実況する機会は減ったものの、おかげさまで今もさまざまなところでロードレースの実況をする機会には恵まれています。今後もランナーたちの息遣いを伝えられるアナウンサーでいたいと思います。

そして、低迷を続けている日本のマラソンランナーの奮起にも期待したいです。

青梅方式はまさに特殊な録画中継でしたが、スポーツはその性質上、おそらくこれからも録画中継がなくなることはありません。録画中継の話が出てきたところで、スポーツの録画中継にはどんなものがあるのかについてもわかりきった話かもしれませんが、ここで整理しておきましょう。

まず、現場で実況したものをそのまま後日、あるいは時差でその日のうちに放送するもの、これは単純な録画中継です。実況は生中継と同じように普通にするだけです。ＣＳ型は生中継が多いですが録画中継も頻繁にやります。それはこのパターンが大半です。

次に収録された映像にあとから実況をつける方式。青梅方式もその一種ですが、ここでいうあとから実況をつけるやり方は、その映像をそれまで観ていないで実況するやり方です。放送枠との関係で微妙な時差のときにこのやり方が稀に生じます。この場合、ディレクターの考え方にもよりますが、結果を知らされないで実況することもありますし、結果だけは知っていることもあります。とにかく、実況のテイストとしては生に近くなります。

収録された映像に、じっくり実況を付けるというやり方もあります。この場合、多くはある程度編集された映像に実況付けをすることになりますし、番組として収録(例えば二時間番組のＶＴＲ)してしまってから後日放送するケースがほとんどです。すでに大半の視聴者も結果がわかっているという前提なので、実況中、情報もれのないように気をつけなければいけません。そういう点では単純な生中継よりも話の密度の濃さに神経を使います。後付け実況とはいえ、やはり臨場感も失わないように気を配ります。これはかつて海外のイベントの映像を買った局がそれを放送することに意味があった頃、地上波型ではとても多く用いられた方法でした。当時は時間が経過していても放送する価値があったのです。現在では多くの海外のスポーツイベントはCSやBSで奪い合って生中継しているような状況（もちろん地上波でもやりますが）ですので、なくなることはないと思いますが減ってきました。

録画中継で一番多いのが、現場で実況収録して、数時間後に一時間、二時間など編成上決められた番組の枠に合わせて編集し、放送するという方式。まさに地上波型の定番であり、民放のゴルフ中継などはほとんどこのやり方です。また、ボクシングや柔道などの格闘技系でも用いられます。

このやり方では編集しやすいように実況中、アナウンサーは「間」を取る意識を常に持っていなければなりません。広めの映像のときに「間」を取るのは、基本といってもいいでしょう。さらに、解説者からいい話は引き出さなければいけませんが、やり取りが長くなり過ぎないように注意を払うことも大事です。

とにかく、すべては「編集しやすいように」ですから、コメントは短めに明確に、です。

以上が主な「録画中継の方式」です。ご覧になっているスポーツの録画中継がどの方式か考えながら観戦するのも一興かもしれません。

マラソン実況が少々長くなりましたが、他の競技についてもご説明しましょう。

先述したように、私は陸上競技（トラック&フィールド）が大好きです。大きな大会が開催されている陸上競技場にいて、トラックを選手が駆け抜け、フィールドで選手が跳んだり何かを投げたりしているのをただ一日ぼんやり観ているだけで心底幸せな気持ちになってしまう安上がりな男といってもいいほどです。

私はオリンピックで陸上競技の実況をするのが究極の夢でした。それは叶うことはないままになりそうですが、陸上競技の実況をする夢自体は叶いました。

テレビ東京では、今は競技場の改装とともに大会自体がなくなってしまいましたが、春のサーキットの一環である水戸国際陸上競技大会を中継していました。私はこの大会の実況を何年にもわたって担当できるという運に恵まれたのです。世界の一線級の選手も来日しますし、高いレベルの記録にも立ち会うことができました。

陸上競技の中継の難しさと面白さは、次々にいろいろな種目が行われ、それを描写する点に尽きます。大会前、中継に絡んでくる全種目の有力選手を調べ上げている段階で私自身の気持ちもだんだん盛り上がってきます。スタンバイ自体は個々のデータを調べるというシンプルな作業です。

トラックとフィールドに担当アナウンサーは分かれるわけですが、私はトラックしか担当することがありませんでしたから、フィールドで注目選手の試技が迫ってくるとき、その担当アナウンサーに振るタイミングを計るのもいい緊張感でした。

これは実況席の横にいるＦＤ（フロアディレクター）の指示が的確であるかどうかもとても大事に

なってきます。もっともＦＤの大切さは実況では陸上競技のみならず、すべての競技でいえることなので制作サイドとして実況の大切さがわかっているなら優秀なＦＤの配置は必須です。

中継の枠は限られていますので、陸上競技の中継では録画で紹介する種目もあります。水戸国際は、それがオリンピックイヤーだった場合など、参加標準記録突破がオリンピック出場権に繋がっていたことなどもあり、熱い気持ちで臨んだことが思い出されます。

格闘技系

次に、個人競技でも一対一で勝負を決するスポーツで、かつ球技ではないものについてです。

ここでは、格闘技系と総称しました。大相撲を含む相撲、柔道、ボクシング、レスリング、空手、剣道など。オリンピック競技では他にフェンシング、テコンドー、その他エンターテインメント的な要素を含んだものとしては、プロレス、キックボクシング（ムエタイ）、総合格闘技などもあります。

残念ながらオリンピック競技であるフェンシング、テコンドーの実況経験は私にはありませんがそれ以外の六つの競技、さらにエンターテインメント系も概ね実況させていただきました。特に多く経験したのは、これからもすることになると思う「ボクシング」と「柔道」です。

ボクシングはシドニーオリンピックでも実況させていただきましたが、オリンピックのボクシング（私が二〇〇〇年のシドニーオリンピックで実況した頃は「アマチュア」でしたが、二〇一四年からは「アマチュアボクシング」という表現がなくなりました。したがって、ここでは「ＡＩＢＡ＝国際ボクシング連盟」のボクシングという表現にさせていただきます）と、巷で日頃話題になることの多いプロボクシングは、グローブをつけた手で対戦相手にパンチをたたき込むという点は一緒ですがルールが異なります。ただし、シドニーオリンピックに実況アナウンサーの一人として派遣されたところで申し上げた頃のルールとも今はかなり違います。

ＡＩＢＡのボクシングは二〇一六年現在、三分三ラウンドで行われています。採点が五人のジャッジでなされる点はシドニーオリンピックの頃と同じですが、採点は十点法で10対10はつけないラウンドマスト方式、10対9～6のいずれかで採点することになっています。

でも、10対6や10対7のような場合、たいていレフリーが試合をストップさせてしまいますので、事実上10対9、10対8だけと申し上げてもいいと思います。そしてコンピューターが五人のジャッジのうち三人を無作為に抽出してその三人の採点で勝敗を決めます。したがって、Ａ選手対Ｂ選手の採点で、仮に五人のうち三人がＡ選手の勝ちとしていた場合でもコンピューターが無作為に抽出したジャッジ三人のうち、Ａ選手が勝ちとしたジャッジが一人しか入っていなかったら、この試合の勝者はＢ選手になるというわけです。不公平とも思えるルールですが、五人の採点が3対2というような接戦なら単純な多数決が公平とも言い切れないということなのだと思います。

次に、どちらの選手を優勢とみなすかについては、かつてはクリーンヒットの数でしたが、現在は「より有効な打撃を顔面やボディに決めた選手」（つまりクリーンヒットの数ではない）など四項目の基準によって採点されるので、簡単にいえば印象点が重視されるようになりました。スタンディングダウンも含めた三ノックダウン制も採用していて、いわゆる巷でいわれるプロボクシングに近いルールになりました。レフリーストップコンテストという表現もなくなり、レフリーが途中で試合を止めたらそれはすべてTKO（テクニカルノックアウト）です。

プロボクシングの採点もラウンドごとの十点法で、こちらも基本的にラウンドマスト方式で10対10はつけないことになっており、また事実上10対6もありませんが、A選手がB選手からダウンを奪ったらそのラウンドは余程のことがないかぎりA選手が10対8になるという基準があり、AIBAのボクシングより相手にダメージをどれだけ与えたかが採点上、重要視されます。そしてプロボクシングのジャッジは三人です。

でも、かつては相手にダメージを与えあうのがプロボクシング、相手にクリーンヒットをどれだけ当てるかを競うのがAIBAのボクシングだったのですが、オリンピック競技として生き残るため、よりエキサイティングなスポーツにしなければということで、AIBAはクリーンヒットの重要性は考慮しつつも相手選手へのダメージも以前よりは採点上考慮するようになったようです。また、二〇一三年からはヘッドギアを外して試合を行うようになりました。今もAIBAのボクシングはプロボクシングより安全面への配慮はあります。それがプロでは認められていないスタンディングダウンを取るということです。

それでも究極の目標はどちらもノックアウト（KO）ですから、AIBAのボクシングでもたった一発の強烈なパンチでの逆転ＫＯという試合は起こり得ますが、その確率はプロボクシングのそれよりも可能性が低いと申し上げていいと思います。グローブもプロボクシングが8オンス（ウエルター級以上は10オンス。1オンス＝28・375グラム）なのに対して、ＡＩＢＡのボクシングは安全性重視の10オンス（ウエルター級以上は12オンス、ただし女子はすべての階級で10オンス）です。

さて、プロボクシングでは、決まった試合に向けて選手は過酷なトレーニングを繰り返します。ヘビー級でもないかぎり、それは減量との戦いでもありますから自分自身との戦いです。

事前の準備としては、双方選手の所属ジムの会長や本人の了承を得て何度か試合前にジムに練習の取材に行き、対戦相手についてのことやどのような戦略でいくのかを尋ね参考にします。これは最初に実況アナウンサーのオーソドックスな実況までの流れでも記したとおりです。

もちろん、すべてを語ってくれるはずはないので、その選手の過去の戦いぶりからおおよその見当をつけるわけですが、スパーリングを含めた練習や、会長・トレーナー、本人と何度か話しているとなんとなくわかってくることはあるものです。そうして試合の実況のイメージを多少なりともつくり上げることが大事だと思います。

もちろん、記録という点では、過去にどのような選手に勝っているのか（あるいは負けているのか）、得意のパンチはなど基本的なデータを頭に入れておかなければいけません。

これが世界タイトルマッチなど国際試合だと当然、日本選手の応援的な放送になるわけです。対戦相手の外国人選手の事前の知識も（例えば前試合のＶＴＲなど）担当ディレクターなどを通じてつかんでおかないといけません。当たりまえのことです。ボクシングは（他の格闘技系も）一瞬で決まることが珍しくありませんから、事前に両選手の知識はあればあるほどいいのです。

これはすべての実況でもいえることですが、試合前に実況アナウンサーは可能なかぎり不安な要素をなくしておきたいと思うものです。対戦する二人のことは私生活も含めて何でも知っておきたい。そうすれば不安な要素がなくなっていくということです。

こうして試合に身体ごと入っていければあとはシメたもの。試合がどういう展開になろうと、パンチの決まる一瞬さえ見逃さなければポイントのズレた実況になる恐れはほとんどありません。

プロボクシングでは世界タイトルマッチ二回を含み、今までたくさんの試合を実況させていただきました。「世界」と名乗っている団体は主要なものだけでも四つ。さらに階級も細分化された現在のプロボクシングにおいて、世界チャンピオンの権威はずいぶんと低くなりましたが、それでも世界チャンピオンは世界チャンピオンです。ファイティング原田さん、西城正三さん、沼田義明さん、大場政夫さん、輪島功一さんなどの歴史的な世界チャンピオンのボクシングを見て感動し、その魅力に引き込まれて育ち、それが高じて今や実況のみならずリングアナウンサーのライセンス（プロボクシングのリングアナウンサーにはライセンスが必要です）も持っている私にとって、世界タイトルマッチの実況が悲願だったのは申し上げるまでもありません。

二回の実況とも、ジムには選手のコンディションを気にしながら数回通い、公開スパーリング、試合数日前の予備検診、調印式、前日の計量と行ける取材にはすべて足を運び、実況に臨みました。自分の持てるすべての技術、ボクシングへの思いをぶつけました。挑戦する側だった日本選手は二回とも敗れ、残念ながら「世界チャンピオン誕生！」の実況を経験することはできませんでしたが、フリーになった今も実況アナウンサーである以上、その瞬間の夢は捨てているわけではありません。

二〇一五年には、「メイウェザー対パッキャオ」という世界のボクシングファンが待ち望んだビッグマッチが遂に実現しました。

「ボクシングなんてただの殴り合いじゃないか。あんな野蛮なスポーツはどうも好きになれないなあ」などという方には、相手のパンチを読んでギリギリのところで交わし、わずかなスキをついて自らのパンチを叩き込む至高の技術のすばらしさを世界最高峰の試合から感じ取っていただけたのではないでしょうか。

この試合をご覧になっていなくて「野蛮」と言い切る方には、ぜひメイウェザー対パッキャオ戦のVTRから身体能力の高いボクサーの技術をご確認いただきたいと思います。確かに出血することも多いですし、激しいことは否定しませんが野蛮なスポーツでは決してないと私は思います。

さて、ボクシングでは笑える話ながら大失敗と紙一重だった実況を一つ紹介します。

対戦する両選手の事前取材ではプライベートも含め、いろいろな情報を入手すると申し上げましたが、典型的なハングリースポーツであるボクシング、選手はアルバイトで生計を立てているケースがとても多いのです。

私が実況を担当したある選手は、パチンコ店でアルバイトをしながらジムでのハードワークをこなしていました。その選手の試合はノンタイトル戦ではありましたが、相手はランキング上位の選手、挑戦する立場でした。

試合中、中継カメラがその選手の背中側になることはしょっちゅうあります。その選手のトランクスには大きな文字で「Challenger」と書かれていました。視聴者もこの文字を試合中、何度も目にすることになります。挑戦する立場だから「Challenger」なら、これはとても自然な決意です。でも、ここまで書けば勘のいい方はもうおわかりでしょう。そう、これは彼がアルバイトで働いていたパチンコ店の名前でした。

私は視聴者が勘違いするといけないと思い、「チャレンジャー精神でぶつかっている○○選手。トランクスにもChallengerとありますが、これは彼がアルバイトで務めているパチンコ店の名前です」と言いました。

中継後、心ある中継担当ディレクターは「四家さん、あのChallengerの話は面白いんだけど、事前にいってくれないと……たまたま中継スポンサーにパチンコ店がなかったからいいものの、あったらたいへんなことになっていましたよ」と静かに諭してくれました。

確かにおっしゃるとおり、まったくもって迂闊でした。

私もまさか、トランクスにあんなに大きな文字でChallengerと書かれているとは思わなかったので(この失敗により事前にトランクスについて選手に確認するようになったのはいうまでもありません)、それがとても目立ったということもあり、つい口をついて言葉が出てしまったわけです。お恥ずかしい話でした。

しかし、これも典型的な地上波型の中継方法だからこそ起きた未遂事故とでもいうべきミスであり、CS型だと実況アナウンサーは試合前日の計量に顔を出せたらいいぐらいですから、トランクスに書かれた「Challenger」の意味などわからずに実況するでしょう。

柔道では多くの場合、準決勝以降や決勝のみが実況です。誰が勝ち上がっていくのかは直前までわからず、そこまでの勝ち上がりをしっかり見ておかないといけません。

また、大会によっては柔道特有の方式である敗者復活戦もありますし、それも中継で必要な場合には当然チェックしなければなりません。となると、大会前には階級ごとに有力選手を最低でも七、八人はマークしておく必要があります。完璧を求めるなら、出場全選手のデータを把握しておくべきということになりますが、それは現実的には非常に困難ですので、解説者と事前に「これぐらいの選手を調べておけば……」というようなスタンバイになります。ボストンマラソンの例で挙げたエリートランナーをそのまま柔道の有力選手に置き換えて考えていただければいいかと思います。

日程にゆとりがあれば、有力選手が普段練習している道場におじゃまして大会にかける意気込みを聞いたり、練習を見せてもらって得意技に入っていくかたちなどを知るなどの準備をします。

もちろん、その日、勝ち上がってきた選手の戦いぶりを見ていれば、それがそのまま一番の実況での事前情報になりますので、中継前の数時間にどれだけ実況のための知識を仕入れられるかがプロボクシングのところで記した安心のための材料になります。

AIBAのボクシングの実況にも、ここで挙げた柔道の例はそのままあてはまります。柔道と違いボクシングは一日に何試合もすることはありませんが、トーナメント形式ですので考え方としては同様です。

これは陸上競技でもそうなのですが、ボクシングや柔道では地上波型もCS型もスタンバイ方法としては大差ないと思います。ただし、オフチューブになることが多いCS型は事前に直接、選手あるいは関係者と話すことができないという点で、やや情報が不十分な状況になっているといえそうです。


本書は他の実況アナウンサーについて論じるためのものではないので、基本的には何も申し上げませんが、近年、柔道の実況を聞いていて感じるのは、特に民放の場合、技名をいわないことが多いということです。

良いことか悪いことか、少なくとも国際柔道連盟(IJF)における攻撃のポイントには、IPPON(一本)

ＷＡＺＡＡＲＩ（技あり）
ＹＵＫＯ（有効）
という表現しかありませんから、「背負い投げ、一本！」などという必要はありません。だから、最近の実況アナウンサーはあえていわないのかもしれませんし、担当ディレクターから「技の名前をいって間違えると格好悪いからいうな」との指示が出ているのかもしれません。
しかし、例えば大内刈りから内またの連絡技で見事な一本勝ちを収めた動きを、「足をかけにいきました（あっ投げました）一本！」（かけに「いきました」もあまり意味がないです。「かけます」あるいは「かけました」で十分）が、果たして柔道がわかっている日本人向けの実況といえるのかという気はします。
私なら「大内！　そして内また！　一本！　見事な連絡技です」といいたいです。おそらく試合でこんな技が決まるとすれば、それはその選手にとって得意なパターンであることもまず間違いないのですから。
そのような実況が一本勝ちした選手に対する礼儀であると思うのです（繰り返しますが、私は他人の実況をとやかくいえるほどの者ではありませんし、そういう本でもありませんので誤解なきように）。「ＩＰＰＯＮ」だけでＩＪＦのスタンスとしては正しいのです。
それから、もう一つ。技の名前をいわないというのは、ディレクターの指示なら仕方ないのですが、アナウンサーの立場からすれば申し上げるまでもなく「無難な実況」です。

これはボクシングのパンチについてもいえることです。ボクシングではご存じのようにパンチの種類は大きく分けて四つ。相手との距離、出方をみる意味で放つジャブ、相手の顔面やボディにまっすぐに腕を伸ばして放つストレート、振り回すようなかたちで打つフック、下から突き上げるアッパー。

見ていてフックなのかアッパーなのかわかりにくいパンチもありますし、フックとストレートの中間のようなパンチもあります。そのとき「右ストレート!」と言い切れるか、「右!」だけで済ましてしまうか、さらにカウンター気味だった場合、「右ストレート、カウンターで決まりました」までいえるか……これはもうアナウンサーの美学の領域です。

私はフリーになって五年。局アナでもフリーでも間違いはないほうがいいのですが、若い頃から無難な実況をしないというスタンスを基本的には変えていません。「間違いばかりだ!」という評価をされてしまうと仕事がなくなってしまうので、若い頃よりはるかに実況表現には注意するようになりましたが、視聴者に対して誠意をもってそのスポーツの魅力を伝える気持ちであれば、やはり可能なかぎり無難な実況はしないほうがいいと思います。

柔道での「投げました、一本!」も、ボクシングでの「強烈な右、ダウン!」も間違いではありませんが、そのような実況をするアナウンサーにはなりたくはありません。

その他、四つの格闘技系の相撲(大相撲)、レスリング、剣道については一回ずつ、空手は二回

（あるいは三回、記憶が曖昧です）させていただきました。

剣道は高校時代、必須だったので週に一回、竹刀を振りまわしていましたが、一本が決まった瞬間を見極めるのは私ごとき素人では難しく、審判の旗頼みでした。

実況したのは高校の大会で、事前に高校の知識を詰め込んだ記憶がありますが、そんなことより一本の瞬間がほとんどわからなかった印象だけが残っています。以前、テレビで中継しているのを観ていても「わからないなあ」と思っていたのですが、剣道場で生で見てもやはり同じでした。一本にはご存じのようにメン、コテ、ドウ、ツキの四つがあるのですが、私の主義に反するとはいえ残念ながら「無難」にやるしかありませんでした。

空手は、技をある程度知り、あとは選手のダメージをみながら進めていった記憶があります。空手にはいろいろな流派があり、私が実況したのは「新極真」という流派でした。上位選手の力は接近していて、滅多に一本にはならないだけに、とにかくハデな打撃と防御の応酬になり、決め手を奪えません。最終的に判定に持ち込まれるケースが多く、これもまた誠に不本意ながら無難な実況にならざるを得ませんでした。

レスリングも剣道同様、高校の大会でした。私が子供の頃からオリンピックでは日本選手が活躍するため、好きでかなり見ていましたので実況で困ることはありませんでした。

円谷選手の仇といって校庭を走ったこともありましたが、「レスリングごっこやろうぜ」と小学校の仲の良い級友たちと砂場で取っ組み合いをしたこともあります。ケンカではありません。テレビでやっていたオリンピックのレスリング中継の見よう見まねですから「片足タックル！」とか「股裂き」とか、かっこよく技をかけようとして遊んでいました。

それが役に立ったかどうかはわかりませんが、「レスリングの実況ができる」ということだけで妙にうれしく、たいへん張りきって臨んだ記憶があります。実況した試合のなかで、「がぶり返し」の大技が出たときに、しっかり反応して描写できた記憶が鮮明に残っています。

大相撲は、本場所ではない、「花相撲」のトーナメント戦です。

大相撲も私ぐらいの世代は小さい頃から一家で観るものでしたから、例にもれず私も見て育ちました。相撲の決まり手(技)はほとんど理解していますし、決して油断して臨んだわけではないのですが、引き技の見極めがなかなかできませんでした。今もＮＨＫの中継を見ていて引き技は正しくいえないことが多いのです。

「はたき込み」

「引き落とし」

「肩すかし」

「突き落とし」

ＮＨＫのアナウンサーの方は、その違いが即座にわかるのでしょう。年に六場所、本場所だけで九十日も相撲に接していれば身につくということなのかもしれません。いいえ、何年も相撲の実況を真剣されている方々ですから、それができて当然なのでしょう。

ごく最近、かかわることになった総合格闘技についても触れておきましょう。これについては先述しましたように、視聴者は非常にマニアックな方が多いので、うっかりしたことはいえません。競技の特性についての理解はもちろん、選手のプロフィール、生い立ちなど、プロボクシングより遥かに多くの知識を頭に入れておく必要があります。それを実況中に出すということではなく、何かが起こったときにトンチンカンなことを口走らない、あるいは何も解説者と話ができないなどということがないようにしておかないと、視聴者から「×」の烙印を押され、二度とマイクのまえには立てなくなってしまうわけです。

また、真剣勝負ですから一瞬で勝負が決まることも多く、その対処にも気をつけなければなりませんし、ド派手な演出で選手が入場することも多いので、そこでも的確な描写が求められます。とにかく緊張の連続です。

ちょっとスポーツ実況としては毛色が違いますが、プロレスの実況もテレビ東京にいたときに経験させていただきました。これは、エンターテインメント系ということでは総合格闘技と同じ系列ですので、選手のプロフィール等、歴史・変遷についてはしっかりと理解して臨みました。

プロレスの選手たちが真剣にやっているのはよく理解していますし、ハードなトレーニングを積み、試合でたいへん消耗するのもわかっていますが、プロレスの実況に臨むときの緊張感は、総合格闘技に比べればそれほどではなかったと正直に申し上げておきます。

球技の実況

スポーツ中継といえば、野球やサッカーなど球技を連想する人が多いでしょう。特に日本では、スポーツ中継で今まで野球が一番多いのは間違いありません。

野球はまだ地上波での中継放送しかなかった時代に、プロ野球、それも巨人戦を中心にスポーツ中継の王道時代が長く続きました。だから、小さい頃からほとんどすべてのスポーツ中継を観て育ったスポーツ観戦狂の私は当然、野球を観た時間が一番長いと思います。

近年、野球中継は急激に減った印象を持っている方も多いかと思いますが、それは簡単にいえば巨人戦が地上波であまり中継されなくなったというだけのことです。プロ野球のフランチャイズチームが存在する都市圏では現在でも、そのチームの試合が地上波でかなりの頻度で中継されていますし、関東の地上波UHF局では今も相当な試合数の中継があります。

BS・CSまで範囲を広げれば今やシーズン中（オープン戦も含め）の公式戦はほとんど観ることができ、近年は二軍戦も多くは視聴可能です。昭和の時代より、プロ野球中継は視聴料さえ払えばはるかに観やすい環境になっているのです。

さて、およそ三十年、スポーツ実況アナウンサーをやっている私ですが、実はプロ野球の実況が中心だった年は数えるほどしかありません。

まず初めに私が入社した放送局が福岡のRKB毎日放送で、入社したとき、先述したように福岡にはフランチャイズ球団がありませんでした（私がRKB毎日放送を辞めた一年半後、南海ホークスが球団を売却し、福岡ダイエーホークス、現在の福岡ソフトバンクホークスとしてやってきました）。そこで過ごした四年半は、スポーツの実況を志しながらも仕事はラジオのＤＪが中心で、先にも記しましたが、スポーツの仕事ができない不満ばかりの日々だったことを思い出します。福岡では年間三十試合程度のプロ野球の興行が平和台球場であり、もっぱらラジオで実況アナウンサーとしての修業を積むことになりました。

四年半のあいだ、ラジオのプロ野球中継のリポーターをかなり多くさせていただきましたし、実況も三回しましたが、とにかくフランチャイズ球団がいないし試合数も少ないため、野球はスポーツ報道の一部ではあっても中心にはなりませんでした。

すでに大会そのものがなくなってしまった福岡国際女子柔道選手権大会は、私が入社した一九八三年からＲＫＢ毎日放送が局をあげて開催したイベントでした。十二月に開催されるのに私が入社した春先にはもう準備室ができており、私も新人の年から中継の手伝いに奔走しました。

ＲＫＢ毎日放送にいた四年半は結局、実況のサブで先輩のサポートをしただけですが、女子柔道が少しずつメジャーな競技になっていくのを実感することができました。ご存じのように女子柔道界きってのスーパースターである福岡県出身の田村亮子選手（現・参議院議員の谷亮子氏）は福岡国際女子柔道選手権大会がなかったら生まれていたかどうかわかりません。

当時のＲＫＢ毎日放送（ＴＢＳ系列）が力を入れていたものには高校ラグビーもあります。もともと父がラグビーをやっていた関係でラグビーへの思い入れが強かった私は、こちらの勉強にも力を注ぐことになりました。今や強豪校の代名詞である東福岡高校はまだまだ弱く、全国大会にもようやく一九八四年度に初出場。当時の福岡県はレベルも低く、代表校は全国大会ではいつもせいぜい二回戦止まりでした。県大会は一回戦から取材に行って勉強したものです。

結局、女子柔道も高校ラグビーも実況することなくＲＫＢ毎日放送を退社することになりましたが、ラジオのＤＪも含め、この時代の修業がのちの私には大きな財産となっていきます。ちなみに、柔道(女子柔道も含む)や高校ラグビーの実況(二〇一六年現在)ができているので、直接的にもＲＫＢ毎日放送時代の修業ともいうべき期間は私にとっては貴重でした。「無駄な経験というのはないものだなあ」という思いを強くします。

ということで、野球中心ではない四年半を過ごしてから、いったんフリーになってテレビ埼玉で西武ライオンズ戦の実況を中心とする日々を過ごすことになります。それが二シーズンですので、この間は野球というよりライオンズの野球を中心に実況に力を入れていたといえましょう。西武ライオンズの黄金期ですから強いチームの野球をつぶさに見ることができたこの二シーズンはおそらく私にとってとても大きかったと思います。

そして私は一九九〇年早々、テレビ東京の契約アナウンサーに、そして五年後に正社員として再度、局アナになるわけですが、この頃のテレビ東京は年間をとおして様々なスポーツイベントを中継しており、まだ巨人戦の中継権も持てなかった時期ですので、野球中継はプロ・アマあわせてもせいぜい年間十試合程度でした。しかも、年々減っていく傾向にあり、中継するカードにも残念ながら一貫性がなく、他のスポーツの実況を次々に担当しなければならない状況でもあり、可能なかぎり取材には行き、中継の準備をしましたが、なかなかシーズンをとおして野球を観ることはできません。結局、テレビ東京を退社する二〇一一年まで、年によってその比重に違いはありましたが、野球を中心に取材、実況したシーズンはほとんどありませんでした。

再度フリーとなった二〇一一年七月からは、MLBを含め野球実況の仕事はとても増えたので、シーズン中は野球中心といえるようになってきましたが、このように多少多めに見積もっても私はスポーツ実況アナウンサーとして野球が中心だったのは四、五年程度なのです。

前置きが長くなりましたが、それでも社会に出てからだけでもペナントレースも日本シリーズも三十年以上観てきましたし、優勝が決まった瞬間その場にいたことも何度もあります。また、ビールかけの取材でビールも浴びています。試合数そのものは少なくても、実況やリポーターの経験を年数分積んでいますので、そのなかからプロ野球中継の難しさ、面白さについてお話ししていきましょう。

私が社会に出た頃、その何年前からかはわかりませんが、プロ野球はすでに中継スタイルができており、球団側も広報担当がいて、メディアに対応するかたちができていました。実況アナウンサーは、試合開始三時間前には球場に行って選手の取材に備えます。しかし、近年ではそれが三時間半から四時間前という傾向になってきています。三時間前ではもうフランチャイズ球団の選手たちはグラウンド内でウォーミングアップや練習を始めていますから、球団によっては、こちらはタイミングを見計らって選手に話しかけているつもりでも、いい顔をされないこともありますし、ただ、練習を観ているだけにならざるをえない可能性もあります。

でも早く球場に行けば、早出特打ちの選手たちがいて、ガンガン打っていたりするのを見ることができるかもしれませんし、練習前、まだ私服の選手を捕まえて話を聞くことができるかもしれません。したがって実況前は記録の整理等、やらなければ落ち着かないことばかりですが、選手の情報がほしいと思うならば早く球場に行くことが大事になります。

そして、根気のいることですが、選手、首脳陣、チーム関係者にその存在をわかってもらうことにもエネルギーを使わなければいけません。

新聞(スポーツ新聞)もテレビもラジオも、球団担当者は決まっており、彼らはすでにシーズンまえのキャンプ時から選手にも球団関係者にも顔を知られているので、それ以外の存在である実況アナウンサーは熱心に取材していることが相手に理解されないと、なかなか突っ込んだ話には答えてくれませんし、いきなり声をかけるのも勇気が要ります。

試合開始四時間もまえから現場に行くスポーツなどプロ野球以外にはありません。試合時間も三時間三十分ぐらいはあたりまえ。こんなに長時間拘束されるスポーツ中継は日本では他にはゴルフぐらいでしょう。でも、ゴルフでは事前取材の時間は少なく、拘束される時間の大半はプレーそのものです。上位争いに限定すれば、予選ラウンドはともかく、決勝ラウンドになると、ほとんど後ろの組だけになってきますし、紹介する選手の数も中継が進むにつれて減ってきて、話のポイントも絞りやすくなりますが、野球は最後まであまり減る要素がありません。しかも野球はシーズンが佳境に入ってくる頃は気候も暑くなってくるので体力勝負でもあります。

そして四時間前からがんばっていろいろ取材しても、実は得られるものはほとんどないケースが多いのです。でも「何か掴み取ってやる」という気概なしには何も得られません。

プロ野球の取材、実況とはそういうものであることをみなさんにはぜひわかっていただきたいです(あらかじめお断りしておきますが、プロ野球については選手名は基本的に出しませんのでご了承ください)。

まだ、駆け出しのRKB毎日放送アナウンサーの頃でした。

ある球団の俊足の選手が平和台球場に遠征してくるまえの三連戦でホームスチールを決めたことが新聞記事に小さく載っていました。スポーツニュースでそのときの映像は流れたのかもしれませんが、私は観た記憶がありません。私はなんとかそのときの話が聞きたいと思っていました。ホームスチールなど滅多に見られるプレーではありませんから。

事前に取材をしたこともない選手に話を聞くのは新人の私にはかなり勇気のいることでした。福岡にフランチャイズ球団がない時代ですから、どちらかがホームチームではありますが、平和台球場にはすべての球団が遠征してきて試合をします。平和台球場にいい思い出がある選手もない選手もいるでしょうが、選手にとってはいきなり見慣れない、しかも野球がわかっているかどうかもわからない若造に質問されるわけです。

その球団は今回の三連戦のあとは当分、平和台にはやってきません。今聞くしかチャンスはないのです。ちなみに、今と違ってスポーツ番組は男性のアナウンサーが仕切っていた頃、女子アナと呼ばれる人たちが球場に出入りすることは東京や大阪でもほとんどなかった時代で当然、福岡も男臭い社会でした。

うまい具合に、試合前の練習の合間、その選手の横で質問するチャンスが訪れました。するとどうでしょう。彼にとっても痛快なプレーだったのでしょう。淀みなくそのときのプレーを振り返ってくれました。その日はラジオ中継のリポーターで、その話を活かせたかどうかもう忘れましたが、駆け出しアナウンサーのいきなりの質問に選手がしっかり答えてくれたのはたいへんな感動でした。

こういうことは次につながります。もちろん、こちらが聞いても何も返事をしてくれなかったようなケースは何度もあります。そのようなことの積み重ねで選手に聞くタイミングを身体で覚えていくわけです(でも全体的にプロ野球選手は他の競技に比べて取っつきにくい雰囲気があるのも事実です)。

現在、プロ野球では、試合で活躍した選手はヒーローインタビューとして試合後、マイクのまえに担ぎ出されるのが慣わしです。ほとんどすべての試合で全国中継があった頃のいわゆる「巨人戦」はともかく、ずっと昔からそんなことがあったわけではありません。私が子供の頃、よく親に連れていってもらった東京都荒川区にあった東京球場では、一度もそんなシーンにはお目にかかっれます。

私も今まではどの球場でもヒーローインタビューは当たりまえのように行わ
れます。

私も今までほんとうにたくさんのヒーローインタビューをさせていただきました。まあまあの出来だったことも、いまいちだったことも、きょうはいい話が聞けたな、などと自己満足に浸れるような内容だったこともあります。多くはまあまあだったで終わるのですが、今でも忘れられないイヤな思い出が一つだけあります。

その試合のヒーローは、ケガを押して出場しているプレーヤーでした。ケガのせいもあって最近の数試合ではプレーに精彩を欠いていたわけですが、決勝点に繋がる働きをしたのでヒーローとしてマイクのまえに連れてこられたのです。

決勝点のプレーについての話が終わったあと、やはりケガのことも気になりましたので聞くと、それについては答えず「……そのうち打ちますから黙って見といてください」(……部分についてはかなりエゲツナイ表現なので伏せます)と、ぶっきらぼうな話しっぷりの返答でした。

マイクを向けられるかどうかということとは別に、ケガについてはいろいろなところでさんざん聞かれていたのでしょう。「またか」とウンザリしたのかもしれませんが、テレビ中継されているときの答えですから、これには閉口しました。しかもインタビュー後、球団広報からは「聞き方が悪い」と私が批判されてしまいました。

アナウンサーというのは業界での地位が最も低いといってもいい存在です。ここで広報とケンカでもしようものなら野球の現場に来にくくなるだけなので「はい、そうですか」というしかなかったのもよく覚えています。

私のような立場の人間として仕事が減るような提案はしたくはないのですが、誰がヒーローなのか判然としないような試合は年間をとおしてとなると少なくありません。また、答えたくない選手をわざわざ呼び出さなくても、というようなインタビューも散見します。勝ったチームには、目立たなくても勝因となるプレーをした選手が複数いることもあるでしょうし、どうして勝てたのかわからないような試合展開もなかにはあるでしょう。ヒーローインタビューは絶対にしなければいけないのか、という気がしないでもありません。無論「プロの興行」としての演出なのだからヒーローインタビューはありだ、ということなら私が口をはさむようなことではありませんが。

ホームスチールについて答えてくれた選手も、ヒーローインタビューの選手も、実は球界を代表するようなプレーヤーです。とはいえ、私はその後、このヒーローインタビューの選手には表面上はともかく、まったく関心がなくなりました。スポーツアナウンサーとしてそういうことではいけないのかもしれませんが、あのインタビューに関するかぎり、球団広報が何といおうと私に落ち度はなかったと思っています。

インタビューのことでは、野球ではありませんが、ここで私の今までのスポーツ選手へのインタビューのなかでも一番心に残っている話を紹介します。

先述したように二〇〇〇年のシドニーオリンピックに実況アナウンサーとして派遣されましたが、やはりオリンピックなら陸上(トラック&フィールド)にはかかわりたいと強く願っていました。残念ながら実況席に着くことはできませんでしたが、世界各局のアナウンサーが陣取るミックスゾーンでのインタビュアーを二日間担当することができました。

その二日間、日本にとっては注目の男子二百メートルの二次予選と準決勝が行われました。日本の二百メートルの代表はエース伊東浩司選手と次代のエース候補末續慎悟選手です。伊東選手はシドニーを最後に引退が噂されていました。二人とも準決勝進出を果たしたのですが、悲願の決勝進出をかけて臨む明日の準決勝をまえに、二次予選のレースから引きあげてくる伊東選手のインタビューをミックスゾーンですることになりました。

控え室に向かおうとする伊東選手を呼びとめた私は、実況席がこちらに振ってくるサインを待ちました。ところが、技術的なトラブルでもあったのか、なかなかインタビューの「GOサイン」がやってきません。私も伊東選手を呼びとめた手前「早く聞きたいなあ……」と思っていたところ、三十秒ぐらい待ったでしょうか、突然、表情も変えず伊東選手は「ちょっと失礼します」といって控え室に消えてしまったのです。

ようやくこれから聞こうとマイクを向けようとしていたところだったので少々参りましたが、時刻は夕方というよりすでに周囲は暗くなっていました。シドニーの季節は早春、決して寒いというほどではなくとも暖かくはありません。一世一代の大レースを控えた伊東選手にとっては身体が冷えないうちに一秒でも早く控え室に戻りたかったのでしょう。申し訳なかったなあという気持ちでいっぱいになったものです。

翌日の準決勝、伊東選手と末續選手は同じ2組になりました。改めて強調するまでもないことですが、二人とも世界のベスト16進出です(現在は二十四人残して、そのなかから八人選ぶやり方が多いのですが当時、準決勝は十六人)。八人のファイナリストまでもう一息。

レースではまずまずのスタートを切った二人でしたが、ともに直線に入って伸びを欠き、伊東選手が七位、末續選手が八位。二人とも決勝への進出はなりませんでした。

当然、この二人に話を聞かなければなりません。昨日のことがあります。なんとなくイヤな予感があったのですが、息を弾ませてミックスゾーンにやってきた伊東選手は「残念でした。精一杯やりましたが力及びませんでした。でも、きょうのレースは東海大学の記録会ではありません(伊東選手は東海大学OB、末續選手は東海大学の現役学生、つまり二人は普段から東海大学トラックで行われる記録会などで一緒に腕を磨いてきたわけです)。オリンピックの準決勝です。私はファイナリストの夢を叶えることができませんでしたが、このような大きな舞台で一緒のレースを走った後輩がいつかきっとやってくれると思います」というすばらしいコメントを残してくれました。

そこで末續選手にも話を聞くと、荒い息使いで、「完全にガス欠でした……」と声を振り絞るのがやっとでした。一次予選から三レース目、長く第一線で世界と戦ってきた伊東選手とは違い、世界トップレベルでの走りを三レース続けるのに耐えられるだけのスタミナが末續選手にはまだなかったのだと思います。

こうして文字にするとたいしたことなく感じられるかもしれませんが、澄んだ瞳で遠くを見つめるように爽やかに語った稀代のスプリンター（彼が二〇〇〇年に出した10秒00は百メートルの日本記録［二〇一六年三月現在］）の単独レースにおけるラストコメントには聞いている私のほうが思わずジーンときました。

このインタビューが印象に残っている理由はそれだけではありません。インタビューが終わってから伊東選手は私に向かって、「昨日はすみませんでした。勝手に引き上げてしまって。きょうのことが頭にあったもので……」と深々と頭を下げたのです。もちろん私は「いやいや、大事なレースを翌日に控えているのに待たせたわれわれが悪いんです。すばらしいコメントをありがとうございました」と応えました。

当時、シドニーオリンピックにおける私のアナウンサーとしての仕事については、ソフトボールの銀メダル実況のことをいってくださる方が多かったです。それは実況アナウンサーとしてたいへんうれしいのですが、個人的にはこのインタビューが一番印象に残っています。スポーツ選手とインタビュアーとの関係はかくありたいものです。

みなさんもご存じのように、末續選手はオリンピックのファイナリストにこそなれませんでしたが、二〇〇三年の世界選手権二百メートルでファイナリストどころか銅メダルを獲得。オリンピック、世界選手権を通じて個人の短距離フラットレースでは現時点で日本人唯一のメダリストとして輝いています。末續選手は、シドニーオリンピックで伊東選手が日本中の陸上短距離ファンに向けて語った期待に十分すぎるほど応えた立派なスプリンターとして成長し、二〇〇八年北京オリンピックでは四百メートルリレーの銅メダルチームの一人としても語り継がれる偉大な選手になったのです。

さて、野球にもどります。

私が最初に出会ったプロ野球の解説者はRKB毎日放送専属だった野口正明さんでした。今も語り継がれる伝説の強豪チームである福岡を本拠地にしていた西鉄ライオンズ、そのOBで黄金期の少しまえのエースだった方で、一九五二年の最多勝投手。現役の頃は非常に厳しく、チームの後輩からは鬼軍曹などと呼ばれていたそうです。

福岡でのプロ野球の公式戦は少ないということもあり、RKB毎日放送の解説は野口さんだけでした。私がお世話になった頃はかなり御歳も召されていましたので角がとれて、怖い雰囲気はだいぶ和らいでいましたが、私の勉強不足と感じられたようなことがあると許さない方でした。

野口さんで最も印象に残っていることでは、RKB毎日放送がプロ野球の公式戦の中継が少ないながらもスポーツアナウンサーを育てなければと、私をプロ野球のキャンプ取材に行かせてくれた年がありました。西鉄黄金期のスーパーエース、今は亡き稲尾和久さんが監督を務められていた頃のロッテオリオンズ(現・千葉ロッテマリーズ)キャンプの取材です。当時のロッテのキャンプ地は鹿児島で、野口さんが行かれている時期に合わせて私も鹿児島に行きました。ロッテのチーフスカウトは田中久寿男さん。シーズン中はともかく、キャンプではスカウトもチームに帯同している時期があり、キャンプ中、西鉄ライオンズOBでもある田中さんと野口さんのお酒の席に私も入れていただきました。

不覚にも私は田中さんの現役時代のことをまったく知りませんでした。そこで烈火の如くお怒りになったのが野口さんでした。

「おまえは田中久寿男も知らんで野球の実況をやろうというのか！」

その口調はまだお酒がほとんど入ってないときでしたがたいへん激しいものでした。横で田中さんが「野口さん、四家さんの年齢なら私の現役時代など知らなくてもしょうがないですよ」となだめようとしてくださいましたが、野口さんはそんなことは聞く耳なしといった感じです。

「クスさん（田中久寿男さん）の肩は、ライトの一番深いところでフライを獲って、そこから矢のような送球を三塁に投げて、二塁からタッチアップしたランナーを刺したもんや。クスさんのようなすごい肩の外野手はおらん。それを知らんとは！」とまくし立てる野口さん。

「まあまあ、野口さん……」と田中さんはひたすら私をかばってくださいました。

どんなに「四家さんの年齢なら私の現役時代を知らなくても」と田中さんがおっしゃろうとも野口さんは最後まで納得しませんでした。今、こんな解説者の方がいらっしゃいますでしょうか。またアナウンサーのほうも、「昔の選手のことは知りません」ということで許されてしまうような気がします。生まれていなければプレーを見てなくてもしょうがないですが、「知らない」だけで済ませない努力はいくらでもできます。まして今はネット社会。古い文献などから調べなくてもＰＣでネット検索でもかなりの情報を得ることができます。

今でも私は野口さんの厳しさには感謝しています。その気持ちは私をかばってくださった初対面の田中さんのお人柄にももちろんありますが、スポーツをたくさん観てきたと自分では思っていても、知らないことばかりなのだということを教えていただいたからです。少なくとも野口さんにとってはプロ野球基礎知識の範疇でしかない田中久寿男さんのことを知らないなんて、私は野球実況アナウンサーの資格なしだったわけです。ということは、野口さんと同世代の方はみな、そのような感覚であったとしても何ら不思議ではありません。

無知であることをさらけ出したことにより、野口さんから大切な心構えを教えていただきました。スポーツ実況アナウンサーたるもの「知らないことばかりなのだ」という意識はずっと持ち続けていなければいけないのです。

そんなことがあっても野口さんは、平和台球場ではいつも優しく、野球の見方の基礎をたくさん叩き込んでくださいました。ＲＫＢ毎日放送を辞めて数年後、私が担当したある野球中継を聞かれた野口さんに久々にお会いしたとき、「ずいぶんうまくなったなあ」といっていただいたことも忘れられません。

田中久寿男さんについては、のちに勉強して私も知りましたが、西鉄黄金期の少し後でレギュラーになられてから巨人にトレード、巨人は長嶋茂雄、王貞治の二人が主軸として君臨していたいわゆるＶ９の時代です。そのなかにあって四番を務めたこともあるという、ＯＮ（王・長嶋）全盛期に第三十三代巨人四番打者にもなった方で、肩だけではなく勝負強いバッティングも高く評価された選手でした。

私の「義務教育」の九年間は巨人のＶ９の時代。当然知っていなければならない選手でした。私のまわりはほぼ全員が巨人ファンという時代でしたが、南海ホークスのファンだった私は毎日のように中継される巨人の試合をほとんど見ていなかったので田中さんを知らなかったというわけです。いずれにしてもはたいへんお恥ずかしい話です。野口さんも田中さんも亡くなられましたが、おふたりに天国で笑われないような実況をしなければという気持ちは今も持ち続けています。

テレビ東京ではあえて名前は伏せさせていただきますが、主に四人の解説者の方にたいへんお世話になりました。四人ともプレーヤーとして一流だったのは申し上げるまでもないことですが、それぞれにしっかりした視点でお話をしていただき、私のつたない実況をいつも助けてくださった印象があります。

「雨男」の実況担当

先述したように、テレビ東京のプロ野球中継は年間をとおしてもそれほど多くはないのに、実は私が実況を担当した試合は雨で中止になる、あるいは雨によって奇妙な展開になることが非常に多くありました。

例をあげますと、川崎球場のロッテ戦、ロッテがまだ川崎を本拠地にしていた頃のことです。中継は試合がはじまってからおよそ一時間後からの予定でした。

薄曇りの空の下、「プレイボール！」がかかりました。ところが、開始して三十分もしないうちに雨に急変、予報もそれほど悪くはなかったのでこれは意外でした。そのうち雨はやむだろうと私は思っていました。ところが、雨はひどくなるばかり。風も急に強くなってきました。そして、なんと中継がはじまる十五分ほどまえに「ノーゲーム」が宣せられてしまったのです。

テレビ東京は大慌てでいわゆる雨予備番組に切り替えたのはいうまでもありません。私は実況席で茫然とするばかりでした。

これと似たパターンはいくつかあります。ロッテが千葉に移転したある試合でも同じようなことがありました。これは試合開始前に中止が決まって、局としても慌てずに雨予備番組に乗り換えられたのですが、ことはそう簡単にはすまされない場合があります。

西武プリンスドームがまだ西武ライオンズ球場だった――屋根がなかった頃のことです。デーゲームで行われる日米野球の中継があり、私は実況を任されていました。

その日は朝から雨。早々と試合中止が決まり、球場には行かなくてもいいことになりました。日曜日で、私はさっそく他のスポーツの取材に切り替えることにしてのんびり準備し、家を出る直前、電話のベルが鳴りました。携帯などない時代です。会社からでした。「中止にはなったがとにかく現場から短い時間でもその空気を伝えることになった（つまり放送がある）から来てくれ」というわけです。

日米野球ですから「単純に中止だから雨予備番組に変更」だけでは済まされないような営業的な事情があったのでしょう。私は再度予定を変え、西武球場に向かうことにしました。

本来の試合開始時間（放送開始時間）には打ち合わせを含めても十分間に合うだろうと考え、それほど急ぐこともなく向かったのですが、それがいけませんでした。現場に着いたら、「雨でも西武球場からその様子だけは伝える」番組（十五分ぐらいの長さだっと記憶しています）は収録がちょうど終わったところでした。つまり、生で出すのではなく収録して、そのVTRを本来のプレイボールの時刻に流すという手法だったのです。

それならそうと最初にいってくれればいいのに、なんと収録で私の代役を務めたのは普段まったく野球を観る機会さえない女性アナウンサーでした。中継のリポートというより、日米野球の様子を伝えるために来ていたのでした。だから、彼女が来ていたことも私は知りませんでした。

番組は、解説の方と彼女とでなんとか格好をつけたそうですが、私は「今頃やって来て、何をやっていたんだ！」と事情を知らないスポーツ局の長老からいきなり怒鳴られてしまいました。

私だっていったんは行かなくていいといわれたので遅くなってしまったのであって、うまい具合に他のスポーツの取材に行くまえに再度「球場に来るように」という電話を受けることができたので辛うじて西武球場には来られたものの、事前に収録するとわかっていればもう少し早く来ることだってできたという言い分はありましたが、そんなことはあとの祭り。なんとも後味の悪い経験でした。

しかし、試合があって実況できればいいというものでもありません。

現在はセ・リーグとパ・リーグの各チームが公式戦で対戦する交流戦がありますが、交流戦が行われる以前、ペナントレース開幕前、セ・リーグとパ・リーグの各チームが一試合ずつ計六試合戦って優勝チームを決める賞金大会「サントリーカップ」が二年間だけ行われました。オープン戦とは違って賞金大会なので真剣勝負ですが、いかんせん日程のゆとりがなく、どんどん試合を消化しなければペナントレースがはじまってしまいます。雨で中止になることはほとんど許されません。

二〇〇〇年、私はサントリーカップのオリックス対巨人の実況をグリーンスタジアム神戸（現・ほっともっと神戸）で担当することになっていました。イチロー選手が所属していたオリックスと松井秀喜選手が所属していた巨人との対戦。期待のカードですが、その日の予報は雨、というより朝から激しく降っています。気温も低く、およそ野球をやれる状況ではありません。

それでも、主催側のオリックス関係者によると、「きょうの試合はやります」とのこと。

一応、予備日は数日後に設定されていましたが、もし中止にしてその予備日に試合を行うということになるとオリックスも巨人もたいへんな強行日程になってしまいます。だから、両チームにとって、きょうはやりたい試合なのです。

私としては「そうですか……」というしかありません。予定どおりグリーンスタジアム神戸は開門され、定刻どおり試合がはじまりました。もちろん、間断なく雨は降り続いていますし、グラウンド状態は悪くなる一方です。

そこで、両チームの取った作戦は、「初球打ち」あるいは「ファーストストライク打ち」です。フルスイングよりバットにボールを当てることが優先。打球はゴロになるとインフィールド内の水たまりで止まってしまいます。打者走者は全力疾走というより水たまりを避けるようにして走ります。実況も解説もあったものではありません。

ハイペースで試合は進行し、両チームは当然のようにゼロ行進。0対0のまま五回終了と同時に、主審はコールドゲームを宣しました。賞金大会とはいえ、当然、この後に控えるペナントレースのほうが選手にとってもチームにとっても大事、この時期にケガをしたらたいへんです。表現は悪いのですが、「決まっている日程なのでとにかくやったし、五回まで行ったので試合は成立させた」という試合でした。

もちろん、そんなことは実況ではいえませんが、空しいもので脱力感に襲われたことが忘れられません。

ここで改めて申し上げるまでもなく、野球というスポーツは屋外でする以上、雨なら中止はやむなしなのですが、横浜スタジアムではこんな経験もしました。

横浜(現・横浜ＤｅＮＡ)対阪神のナイトゲーム。両チームともにエースの登板で好ゲームが予想され、私はたいへん張りきっていました。天気予報も悪くありません。

ところが、試合開始の一時間ほどまえから細かい雨が降ってきました。雨足は次第に強くなり、いつしか土砂降り。文句なしの中止になってしまいました。

「そんなバカな！」私は信じられない思いでした。しかも試合開始予定時刻の一時間後には雨はすっかりあがって夜空には星が輝いていました。聞けば神奈川県全域でも雨が降ったのは横浜スタジアム周辺だけだったそうで、この日も、生きる気力が失せるほど落胆しました。

しかし、私の「雨男」の試合中止劇は、この程度では終わりません。

実況アナウンサーとしてこれ以上悲しい中止（厳密にいうと「ノーゲーム」ですが）はないと断言できるのが一九九〇年九月、大阪球場で行われる予定だった第四回ジュニア日本選手権（プロ野球二軍の日本一決定戦）です。

一九八八年かぎりで主を失った大阪球場（ここを本拠地としていたホークスの親会社、南海電鉄が経営難から球団をダイエーに譲渡、本拠地も福岡に移転し、福岡ダイエーホークス＝現・福岡ソフトバンクホークスとなった）は、その後も細々と球場の役目を果たしていたものの、プロ野球の公式試合が行われるのはこれが最後ということになっていました。南海ホークスがなくなって二年ですから、それもやむなしといったところでしょうか。大阪球場は現在解体されその面影はないのですが、一九九一年から球場内は住宅展示場に姿を変えました。

この年、イースタンリーグの優勝チームは巨人で、ウエスタンリーグの優勝チームは中日。巨人と中日の対戦です。

先述したように、私は関東在住でありながら子供の頃は生粋の南海ホークスファンでした。野村克也のホームランに狂喜し、快速、俊敏、好打の広瀬叔功に快哉を叫び、流麗にして美しいアンダースロー、生え抜き唯一の二百勝投手皆川睦男(のちの睦雄)のピッチングにしびれてプロ野球を見るようになったのです。叶うことはありませんでしたが、大阪球場で南海対西鉄戦を観戦するのが夢でした。その私がまさか大阪球場最後のプロ野球の試合を実況できることになるとは……。

私の胸は高鳴りましたが、試合当日の天気予報は雨。ただし、この試合は翌日に予備日が設けられており、そんなに心配はしていませんでした。

予報は正確で土砂降りでした。早々に中止が決まり、解説者と翌日の展望などを五分程度しゃべって、「さあ、明日こそは大阪球場のサヨナラゲームだ!」と思ってホテルのベッドにもぐりこんだのでした。

翌日は朝から気持ちよく晴れていました。当初の予定では、この試合はナイターでしたが、予備日はデーゲームということになっていたので、私は早くから張りきって大阪球場に向かいました。ところが、ふと西の空を見上げると不気味な雲が……。実はこの日も台風が接近していて予報は決してよくはないのです。風も次第に強くなってきました。しかし、上空はまだ明るく薄日も差しています。

「よし、大丈夫」私はそう自分に言い聞かせて、バックネット裏に設けられた特設の実況席に座りました。

予定どおり試合がはじまり巨人が先制。三回までに6対0とリードしました。上空は明るいままです。ところが、ここで突然大粒の雨が降ってきました。「えっ？　そんなばかな……」という気持ちになったのはいうまでもありません。しかし、雨の勢いはどんどん増してきます。「滝のような雨」とはまさにこのことでした。特設の実況席などあっという間に水浸し。服も実況資料もビショビショになってしまいました。いや、正直いってそんなことはどうでもよかったのですが、ほどなく「ノーゲーム」の決定を知らされたときの私の暗澹たる気持ちといったら……。予備日の予備日などありません。私はこの雨を実況では「大阪球場のナミダ雨」などと表現したのですが、今では「大阪球場怒りの雨」だと思っています。

球場完成時、大阪ミナミの中心地、難波にデンと構え、昭和の大阪城とまでいわれた豪華なつくりの大阪球場です。パ・リーグのライバル球団の西鉄との死闘や日本シリーズでの宿敵巨人との激闘こそがこの球場にはふさわしい試合なのです。

それがよりにもよって選手の将来性はともかく「最後の試合だというのに、たかが二軍の日本一決定戦などで使ってくれるな。そんな試合ならやらんでエエ！」と怒ったのではないか。だからあんな豪雨だったのだ。そんなふうに思います。

この試合は後日、雨で中止の心配がない東京ドームで仕切り直しとなり、中日が6対4で劇的なサヨナラ勝ち（この年はウエスタン優勝チームが後攻）、この試合も私が実況しましたが、東京ドームでの試合の印象は残念ながら薄いです。

野球中継中止の極め付きは二〇一六年、黒田博樹投手の現役続行が決まった広島カープ、今年こそはカープファンにとって二十五年ぶりの優勝が期待されていますが、まさにその二十五年前、一九九一年、広島優勝の年の出来事です。

広島カープの優勝が決まることになるかもしれない試合の中継権をテレビ東京が持っていました。というより、春先に中継予定だった広島戦が雨で中止になった（その試合も私が実況担当予定でした）ために、その試合分の権利を有していたという表現のほうが正しいかもしれません。ただし、編成方針でこの試合で優勝が決まる可能性のあるときだけ放送し、そうでない場合は通常の番組ということになっていました。中継権は持ってはいても、テレビ東京は優勝が決まる可能性のない試合なら放送する気はなかったのです。

まだクライマックスシリーズなどない時代です。順調に広島は優勝へのマジックナンバーを減らし、その試合をまえにマジックは「2」。マジック対象のチームは中日ドラゴンズで同じ時間帯に試合を行います。

広島は広島市民球場で阪神と、中日は神宮球場でヤクルトとです。

広島が勝ち、中日の負けで、広島の優勝が決まるわけですから中継することが決まり、私を含めた中継スタッフは早速広島に向かいました。

事前取材も済ませ、あとは中継開始を待つばかりという段階になって、東京の天候がよくないという情報が入ってきました。神宮の試合がなければ広島が勝っても優勝は決まりません。つまり、中継のために球場に来ており、目の前で試合が行われているにもかかわらず中継はありません。中継することになるかもしれないといわれて突貫工事で資料を集め、理想的なかたちでこの日を迎えたのです。広島の優勝は決まらなくてもいいから実況させてくれよという気持ちでしたが、ほどなく神宮が雨で中止の情報が届き、同時に中継も中止と決定しました。

一方、広島では快晴、広島カープも会心の試合運びで見事阪神に勝利。それをわれわれ中継スタッフはぼんやり口を開けて観戦しただけでした。空出張ではないものの、事実上空出張のようなもの、とうとう私は目の前で試合が行われているのに中継を中止させてしまう恐怖の野球中継中止アナウンサーになってしまったのです。

このときは落胆どころか、「なんとも貴重な経験だあ」と笑うしかありませんでした。

年間何十試合も野球中継があるような放送局ならともかく、テレビ東京は十試合も中継しないのですから、私が実況を担当する野球中継の中止率の高さは相当なものであったといえるでしょう。省略しますが、普通に「雨で中止」という試合に至っては、枚挙にいとまがなかったと付け加えておきます。

中止の話ばかりしていてもしょうがないです。

私の野球実況アナウンサーとしての経験については、すでに述べましたように黄金期の西武ライオンズ戦をテレビ埼玉で中継させてもらったことが非常に大きかったのは間違いありません。私が担当したのは一九八八年と一九八九年の二年、一九八八年には川崎球場で10・19というドラマがあり、一九八九年は近鉄バファローズがラルフ・ブライアントの大爆発で逆転優勝を遂げました。しかも一九八八年はシーズン終了後、南海ホークスと阪急ブレーブスが福岡ダイエーホークス、オリックスブレーブスに身売りするなど、もっともパ・リーグが揺れた時代でした。当時は西武プリンスドームがまだ屋根のない西武ライオンズ球場でした。

この年の西武ライオンズのレギュラー選手でベテランと呼べるのは石毛宏典選手と一九八八年にトレードで中日からやってきた平野謙選手ぐらい。投手陣も東尾修投手を除けば、多くは伸び盛りの活きのいい選手ばかりでした。チームを率いていた森祇晶監督は、「育てながら勝つというのはたいへんです」とよくいっていましたが、それはぜいたくな発言だなあと感じたものです。

あえて名前は出しませんが、才能豊かな若い選手が揃っていたライオンズにはチームとしての伸びしろしか見えませんでした。なのにすでに強い。よほど故障者続出にでもならないかぎり弱くなる要素は見当たりません。強いチームがいかにして勝ち続けるかを身近に見ることができた時代でした。

当時の西武球場は第二、第三球場も有効に使われていて、早くから練習の取材に行くと、まず第三球場でウォーミングアップに汗を流す投手陣をじっくりと見ることができました。そこにときどき野手も交じって身体を動かしていたりしました。投手陣は最後まで第三球場で練習しますが野手はその後メインの西武球場(当時は「本球場」と呼ばれていました)に歩いて、あるいはジョギングなどしながら移動します。その移動のあいだにコンディションや、日頃から感じているプレーの細かな部分についての質問などができました。野手たちはこのあと、本球場で本格的な試合前の練習に入るわけです。

投手陣はまずその日の先発が先に上がります。第三球場から控え室まで各新聞、テレビの担当記者などに囲まれながら歩いていくということになります。出てくる話題はもちろんきょうの登板についてが多いのですが、もしその日がプロ入り初先発というような張りつめた空気であれば、記者たちも気を遣いながらあえてリラックスできるような話題を振ったりという、その日の先発投手といわゆる番記者との関係をつぶさに見ることができたのも得難い経験でした。慣れてくると私もときどき質問したりもしました。

先発投手がアップを終えても、翌日以降の先発とリリーフ陣は、それぞれの調整、練習のために第三球場にまだいるので、もし気になる投手がいれば再度第三球場に行き、その投手が上がってくるのを待ちました。また、野手が気になればこのあと本球場に行き、気になる野手に話を聞けるようなタイミングを探すというのが平均的な試合前の取材というか準備でした。

第二球場は、その頃は試合前の練習で使われるのはごくごく例外的な場合のみで、主に二軍の試合の球場でした。取材する側にとってこの頃と今との一番の違いは何かといえば、西武プリンスドームに関しては、見ようによってはのどかな環境での選手の取材が現在はまったくできなくなったことでしょう。

現在、第三球場は試合前の練習で使われることはなく、二軍戦が行われていないときは第二球場が使われるようになりました。その第二球場から本球場(現・西武プリンスドーム)への移動は車になったので、選手の移動の際に聞くことができたようなことは今ではできません。

また、この球場では以前は試合中、選手がダグアウトから出てきて話をしてくれることもありました。私が知るかぎり、それは他の球場でもあったことなのですが、今はまったくありません。野球中継で試合中の「選手のコメント」はすべてチーム広報経由で伝わってくるものになりました。つまり、中継リポーターが選手の生の声を伝えられるのは試合前の練習中で拾ったものしかありません。

この「広報経由の選手のコメント」もシステム化が進み、最初はダグアウトから広報が出てきて口頭で知らせてくれたのでその話には臨場感があり、選手の気持ちを言葉以上に汲み取ることもできましたが、いつしかそれが印刷物で配られるようになり、今ではメールで伝えられるようになりました。文字どおり機械的な情報です。

広報は試合中、基本的にリポーターのまえに姿を現しません。かつてはできた「さっきのプレーについて○○選手に聞いてほしい」というようなことを広報にお願いすることも今はありません。よくいえば完成度の高い中継システム、悪くいえばパターンができてしまって意外性、面白味のないものということになります。

ただし、実況側にとっては、リポーターからの情報は当然のことながら大事にすべきです。そこにシステム化の云々は関係ありません。その情報を元に、解説者との話を広げるのが実況中継の王道であり、実況アナウンサーの役目ですから、そのコメントをどう利用するかがアナウンサーの力量を計る判断材料にはなると思います。

ところで、私がテレビ埼玉でライオンズ戦にかかわっていた頃の選手たちの大半は引退後、いろいろなチームで監督・コーチになっています。その数は他チームより格段に多い。必ずしも現役時代にレギュラーだったとはかぎりません。これは、いかにレベルの高い野球を身につけている選手が多かったかという証明にもなると思います。

それから、実況アナウンサーとしては、このときのテレビ埼玉の西武戦は、「解説者ナシ」という方式だったので非常に考えることが多い日々でした。あくまでも視聴者が楽しく野球を見られるようにということで、実況アナウンサーはその手助けをするような役目を仰せつかっていました。自分なりの「野球観」みたいなものを出しながらも、余計なことはしゃべらないという実況スタイルでした。

この方式はそう長くはなかったようです。私を含め経験者は五、六人でしょう。これまた貴重な経験でした。

強いライオンズを中心に見ることで、勝つためには何が必要なのかを身につけられたという点でも、私にとっては大きな財産になったように思います。

改めてテレビ東京での野球中継については、悲しいかな「中止」の記憶ばかり。しかし、中継ではありませんがビールかけの取材もしたので、その話をしておきましょう。これも偶然ですが、一九九七年、西武ライオンズのリーグ優勝です。

ビールかけ＝「寒い」「臭い」「目が痛い」と、ご理解ください。

マイクを向ける私たち取材陣には容赦なくビールがかけられます。それも間断なく。全身びしょ濡れとなってもさらに意外な方向からかかってきたりするので身体は冷える一方。季節は中秋から晩秋、気温もかなり低くなってきていますから、ビールかけが終了近くになってくると完全に冷えきってしまうのです。

その間、せいぜい十五分～二十分程度なのですが、ニュース映像などでもおわかりのようにそこはルール無用の世界。選手たちは喜びが爆発しているのでムチャクチャです。目にもビールが入ったり、また入らなくてもアルコールの蒸気がビールかけエリア全体に充満してしまうので目が痛くなるのです。もちろん、その輪に加わったらスーツは二度と使えません。皺くちゃになるだけでなく、ビールの匂いが生地に染み込んでとれなくなってしまいますから、ビールかけに対応できる服装で臨むのが取材する側の心構えです。靴も同様です。

そして、この儀式が終わったあと球団は、われわれにシャワーを浴びさせてくれる配慮はありますが、あとは着替えて（当然着替えは持っていきます）帰路に着くということになります。

しかしこれは、野球中継に携わる者なら一度は経験しておいて損はないということでもあるように思います。理屈ぬきに歓喜の輪に入る瞬間というのはいいものです。解説者ナシの一人野球実況同様、貴重な経験でした。

テレビ東京退社後、多くの野球実況をさせていただいたのがCSのJスポーツでのMLB(メジャーリーグ)中継です。レギュラーシーズン中は、すべて現地からの映像を観ながら東京のスタジオで実況するというオフチューブ中継です。現地の空気が読めないのでやりにくいという要素もありますが、球場にいても実況はモニター映像での状況を最も大切にするのですから、割りきってしまえばそんなにやりにくいものではありません。

先に記したように、テレビ東京のとき、さまざまなかたちの実況スタイルを経験しているので、それほどの違和感はありませんでした。

MLB好きならばご存じのようにMLBの公式HPはたいへん充実しています。個々の選手の過去の記録やパーソナル情報等は簡単に調べることができます。また、試合前に「ゲームノート」と呼ばれる試合向け資料が対戦する両球団から出されます(もちろん英語)。したがって、英語が堪能な方ならそれだけでその試合の見所はだいたいつかめます。この方式を二〇一四年から日本でも横浜DeNAベイスターズが真似るようになり、報道陣にだけですが、横浜スタジアムで球団広報から試合前にゲームノートが配られるようになりました。私のような立場の人間にとって、これはたいへんありがたいもので、他球団もぜひやってもらいたいと願わずにはいられません(とはいえ、私が知らないだけで、すでに配布している球団があるかもしれません）。

私は大卒ですが、残念ながら英語は得意とはいえません。それゆえＭＬＢの実況中継で選手の情報については英和辞典を引きながら試合に臨みました。情報はすべてＭＬＢの公式ＨＰからなので偏っていたかもしれませんが、試合前のスタンバイとしては、あくまでも自分の感覚ですが「だいたいこれ以上は無理」というような状態で臨むことができたように思います。

ただし、それまでスポーツアナウンサーとして胸を張って「ＭＬＢに関心を持って過ごしてきたか」といえばそうとはいえないフシもあり、中継終了後、自分で納得いかない内容だったことも少なくありませんでした。たぶん、そういうときは視聴者の方も不満だったことでしょう。

今後、またＭＬＢの実況をする機会があるかもしれません。そのときには数段レベルアップした実況をお届けすると、この場を借りてお約束します。


現在は福岡ソフトバンクホークス戦の実況がシーズン中はメインの仕事になっています。

今のホークスからは私がテレビ埼玉で実況していた頃の黄金期のライオンズに匹敵する強さを感じます。これは一昨季まで秋山幸二、昨季から工藤公康という、ライオンズ黄金期を知り、ホークスを投打の中心選手として共に強くしてきた監督が率いているということと無縁ではないかもしれません。向上心溢れる若い選手がそろい、チーム内ではベテランの域に達している内川聖一、松田宣浩でもまだ三十代前半、弱くなる要素がほとんどありません。ホークスは二〇〇〇年前後にも非常に強い時代がありましたが、活気、明るさ、伸びしろ、などから黄金期到来の予感もあります。

改めて野球の実況とはどんなものなのでしょう。

一球ずつの「間」があるので、解説者との話はしやすいし、ピッチャーがよほど早いテンポで投げないかぎりはいわゆるサイドネタの紹介をする時間もあります。実況のための資料を活かすことができるのです。しかし、打者が打ったらそんなわけにもいきません。ましてランナーが出たりすると試合の中身に集中すべきですし、ホームベース上のクロスプレーになったときなどはそこに至るまでの打球、ランナー、三塁ベースコーチの動き、野手の守備位置や中継プレーなど、目がいくつあっても足りないほど一瞬でいろいろな状況を把握し、ときには即時描写もしなければいけなくなります。

もとよりすべてのスポーツにおいて、実況では喋る際には緩急の変化を身につけなければいけません。野球というスポーツは、その競技自体にわかりやすい緩急があります。言い方を変えれば、このようなプレーの一つ一つを経験することによって緩急の変化を身につけられるのが野球の実況なのです。

「緩」のなかでは、打者が打たなくてもエースピッチャーと中心打者の対戦だった場合など配球や、細かなしぐさからも実況すべきこと、解説者と話を膨らませる必要が生じる可能性が十分にあります。静止時間が長いので、いろいろな話を実況アナウンサーの側から選択することもできます。「急」ということでは、即時描写でのスピードは他競技以上に要求されることもあります。

それゆえ、こういう言い方はベースボールプレーヤーのみなさんには失礼になるかもしれませんが、野球は、スポーツ実況技術を身につけるには格好の題材なのです。

サッカーの実況

若い人はご存じないかもしれませんが私が勤めていたテレビ東京は、もともとサッカー中継にはとても力を入れていました。古くは一九七四年、ワールドカップ決勝を日本で初めて生中継したという歴史もあります。一九七四年のワールドカップは、世界サッカーの歴史において絶対の存在であり、近代サッカーを創出した選手といってもいい王様ペレがブラジル代表から引退後、最初の大会でした。フランツ・ベッケンバウワー、ヨハン・クライフという新しいスーパースターを生み、オランダが初めて決勝に進んだ大会でもあります(決勝は西ドイツが2対1でオランダに勝利)。

そして、まだ地上波しかなかったこの時代、テレビ東京は「三菱ダイヤモンドサッカー」という週に一回の番組で海外のサッカーの試合を録画で放送したのです。放送は一九七〇年四月からで放送枠は四十五分。一試合を二週間で放送するスタイルでした。当時としては大変貴重な映像で、多くのサッカーファンがこの番組を毎週心待ちにしたといわれています。私もときどき観ていました。

そんなことが背景にあって、いわゆる「Jリーグバブル」がはじまった一九九三年から数年間、テレビ東京はJリーグのみならずサッカーに関してはたいへんな試合数を中継しました。それはテレビ東京の系列局も同様で、そのお手伝いのために全国各地に行かせていただいたものです。

蛇足ながら、このJリーグ人気の少しまえには二〇一五年シーズンを最後に現役を引退した澤穂希選手が出場していた女子サッカーの試合を、テレビ東京は積極的に中継していました。幸運にもその試合は私が実況させていただいています。彼女が代表デビューを果たした頃でした。

ただ、「澤ってスゴイですよ！」といくら私が局内でいっても、「女子が強くたってしょうがないよ」などという冷たい反応のほうが多かったのも事実でした。誰も女子サッカーには見向きもしなかった時代です。実際、二〇一一年までは女子サッカーに興味を持っているのはマニアックな人だけでしたから。

それにしても、あの活気、熱気は今思い返してもすさまじいものがありました。突然、国立競技場がJリーグの試合で満員になり、視聴率も常に十パーセント以上、堂々とゴールデンタイムで中継されるわけで、今も現役のキングカズこと三浦知良選手を中心とするサッカー人気はとどまることを知らないようにさえ思えました。

しかし、それはやはりバブル人気でしかありませんでした。いつしか飽きられ、今のようなかたちに落ち着きましたが、この時期があったおかげで私はサッカーの実況をたくさん経験させていただきました。その後、サッカー中継は（四年後の一九九七年には）急激に減り、二〇〇〇年以降、テレビ東京はほとんどサッカー中継とは縁のない放送局になってしまいましたが。

ただ、ご存じのようにJリーグの誕生で、サッカーを取り巻く環境は激変しました。プレーヤーとしてサッカーを志す先にプロという道があり、そして川淵三郎チェアマン（現・日本サッカー協会最高顧問）主導の下、「Jリーグ百年構想」という崇高なスローガンを掲げ、実践することで、サッカーのイメージは一新されました。日本のサッカーのレベルも急激に上がり、一九九八年のフランス大会までは夢だったワールドカップ出場が今やあたりまえ。Jリーグ誕生からの二十年間で日本サッカーが大きく成長したことは間違いありません。

サッカーの実況に関しては、注目度が高かったことはよくわかっているのでたいへんやりがいがありましたが、与えられた試合をこなしたという感じで、特に何か印象に残るような実況をしたという記憶はありません。

サッカーの実況中継の難しさは、止まっている時間が少ないということです。ただし、ボールばかりを追っても聞いているほうはうるさいだけなので、戦術的な話や、ときにはサイドネタも盛り込まなければならないのですが、一気にチャンス、ピンチになってしまうことも結構あるので、どのタイミングでボールを追うのをやめるかを判断する、文字どおりの戦術眼や全体像を見る眼が実況する側には必要といえましょう。

実況の基本である「緩急」については、サッカーばかりやっているとなんでもかんでも盛り上げてばかりになってしまうか、あるいはダラダラとしゃべるばかりという傾向になりがちですので、意識しないとなかなか身につけにくいということもいえると思います。そのあたりが、常に「間」がある野球との違いです。

ラグビーとアメリカンフットボールの実況

テレビ東京が放送局として開局してから初めてのスポーツ中継はラグビーだったそうです（その頃は「東京12チャンネル」）。その後も長く、テレビ東京ではサッカーとラグビーは中継の両輪といってもいいいぐらい多くの試合を扱ってきました。Jリーグバブルに沸く以前から私もラグビーの大きな試合をかなり実況させていただきました。

まず、テレビ東京で働きはじめた一九九〇年暮れ、全国社会人大会の中継権を獲得したテレビ東京のラグビー中継担当プロデューサーが私を使ってくれて、悲願だったラグビーの実況を担当することができました。まだラグビーが完全にアマチュアで、社会人チームの選手はすべて夕方の定時まで働いてから練習していた時代です。

私を使ってくれたのは、特に私から売り込んだわけではないので「実況アナウンサーが足りない」という理由だけだったと記憶しています。しかし、これは私にとっては自分で申し上げるのも何ですが、水を得た魚のようなものでした。一回戦の二試合と準々決勝、準決勝を一試合ずつ。今でも秩父宮ラグビー場の実況席に初めて座らせていただいたときの気持ちの高揚は忘れられません。緊張感よりも喜びのほうが勝っていたことをよく覚えています。とにかく、嬉々として実況に臨んだものでした。

あとからＶＴＲでチェックしたら選手の名前など、特に一回戦はかなり間違えているのがわかりましたが、ラグビー実況を楽しそうにやっているのが評価されたのでしょう。その後、テレビ東京でのラグビー実況はだんだん私に任せていただけるようになりました。

二年後にもまた、テレビ東京は全国社会人大会の中継権を獲得しますが、このときは決勝も任せていただきました。神戸製鋼が20対19で東芝府中(現・東芝)を破って五連覇を達成した大会です。決勝は非常に引き締まった好ゲームだったこともあり、なかなかいい実況ができたと当時は思ったものです。今聴くとどうかはわかりませんが……。

さて、「自分でいい実況だと思った」のはなぜかといいますと、まず声の出し方でいえば、必要以上に盛り上げず、かつポイントではしっかり張った声で締めることができたこと。そして、内容でいえば、選手の描写が早く的確であり、反則に関してすぐに理解し、実況で説明。さらにゲームの流れを把握し、解説者(このときは元・日本代表監督の故・宿沢広朗さん)にもほどよいタイミングで質問をぶつけられたと感じたからです。

無論、完全無欠の実況などありませんが、すべてのスポーツでこのような実況ができれば、標準的であり、高い評価になるかどうかはともかく及第点はいただけると思います。ほんとうにできていればの話ですが。

また、テレビ東京は、のちに二〇〇三年の第五回ワールドカップオーストラリア大会の地上波独占中継権も獲得したので、そのときはメインで実況を担当させていただきました。日本代表は四戦全敗でしたが、とてもいい内容の試合ばかりで、これまたいい経験を積ませていただいたと思っています。イングランドが延長の末、地元オーストラリアを20対17で下し、北半球の国として初優勝を遂げることになる決勝戦も私が実況しました。

テレビ東京でのラグビー中継では、七人制ラグビーもかなりしゃべっています。

今よりも七人制の戦略が練られてはいない時代でしたが、当時の事実上の七人制世界一決定戦であるホンコンセブンズの実況を録画で二回。さらに、日本で行われた初めての七人制国際大会、一九九五年の第三回ジャパンセブンズは生で実況させていただきました（この年からジャパンセブンズは国際大会になった）。その後、七人制のワールドカップも録画で中継、まだオリンピック正式競技に決まるまえですが、七人制ラグビーの王者といってもいいフィジーの歴史的名選手ワイサレ・セレヴィのプレーを私はたくさん実況できたという意味でこれまたとても幸せな七人制ラグビーの実況アナウンサーであるということができると思います。


ところで、ルールの説明をしながら実況すべき球技の代表例がラグビー（ラグビーフットボールユニオン）とアメリカンフットボールと申し上げました。

まずラグビーについてですが、試合中でも選手がルールの解釈でレフリーと食い違って揉めたりすることが少なくないぐらいですから、視聴者が「今、何があったの？」と思ったりするのも当然です。「そのために解説者は存在するのだ」という理屈も成り立たなくはありませんが、実況アナウンサーがある程度ラグビーを理解していないと、そこでのやりとりもギクシャクしたものになります。実況アナウンサーが解説者の説明を受けて初めて理解しているようではいけません。

そして、ラグビーはルールそのものの解釈だけでなく、細かなルール変更もよくありますから、それをわかりやすく説明することも必要でしょう。

それから、かつては「ラグビー(フットボール)ユニオン＝アマチュア」でしたが、先述したように現在はプロも認められ、競技の質が飛躍的に進化しました(注記。ラグビーにはもう一つ、「ラグビーリーグ」という組織があります。十九世紀の終わりに「ラグビーユニオン」から分派してできた組織です。ラグビーユニオンは、当時アマチュアでなければいけない組織でした。ラグビーリーグは試合に出ることで報酬が得られることを認める組織として同じルールのまま分派しただけでしたが、現在ではルールもラグビーユニオンとは違いますし、人数も十三人制です。しかし、ラグビーユニオンも一九九〇年代にはプロを容認するようになったので、かつては「ラグビーユニオン＝アマチュア」「ラグビーリーグ＝プロも容認」という違いで説明できましたが、現在は二種類のラグビーという表現になります)。

世界のラグビーの進化は十五人制のみならず、二〇一六年のリオデジャネイロオリンピックから正式競技になる七人制においてはより顕著です。七人制の持つ競技としてのわかりやすさとスピード感をもっと世間に広めるべきだと私は以前から思っていましたが、この際、七人制の魅力をどんどん発信していく努力をメディアはしなければならないのではないでしょうか。

とにかく、七人制がオリンピックの正式競技になったのはほんとうに喜ぶべきことで、一気に世界の隅々にまで広まってほしいとさえ私は思っています。

次にアメリカンフットボールですが、フィールド上に七人も審判がいることで、反則の見逃しがないように工夫されています。ボールを持っている者をめぐる動きだけでなく、ボールを持たない者同士も激しくぶつかり合う球技なのでとうてい一人では裁ききれないのです。プレーはすぐ止まり、その都度、審判から説明があるという特性は球技としての複雑さを如実に表わしているともいえますが、これは実況アナウンサーにとってはプレーが止まったときに何があったかを視聴者に説明しやすいともいえるので、その説明を端的にする技術を身につけておくべきでしょう。

この二つの球技の実況で大事なのは、ビギナーと思われる視聴者に「ルールが複雑でとっつきにくい」と感じさせないことです。ラグビーにはラグビーの、アメリカンフットボールにはアメリカンフットボールの魅力があり、「こんなプレーが見られるからこの球技は面白い。ルールの理解はあとからでいいから、まずはこのスポーツの魅力に触れてください」と、視聴者を惹きつける気持ちが実況アナウンサーには必要だと思います。

私はこれまで「ラグビーとアメリカンフットボールの違いがよくわからない」とスポーツにあまり興味のない人からいわれたことが何度もあります。これは、例えば私はタカラヅカには興味がないので、その良さがわからないのと同じことのような気がします。もちろん、タカラヅカはあれだけ多くの人に支持され、長いあいだ人気を博してきたのですから、きっとすばらしいものがあるのだろうと想像はつきますし、否定する気などありません。もし無限に時間があれば、その魅力はなんだろうと探りたい気持ちもありますが、残念ながら時間は有限。すでに年齢が五十代後半にさしかかっている私は、今からタカラヅカのために使う時間より優先したいことがたくさんある以上、きっとその本質的な魅力はわからないまま人生が終わっていくだろうなと思います。

スポーツに興味のない方も、一番の理由は「興味がない＝スポーツ観戦に使う時間より優先したいものがある」からに違いないと私は思います。ですから、こういう人にラグビーやアメリカンフットボールの魅力を伝えるのはたいへんな労力を要することでしょう。はっきりいえば、そんな人は無視してもいいのですが、それでも「ラグビーはボールを前に投げてはいけないのに対して、アメリカンフットボールは(状況によっては)前に投げることが許されている」ぐらいの違いは一般常識の範囲として知っておいて損はないと、わかっていただきたい気持ちになります。

というのも、両球技ともに盛んな国と地域では、とんでもない観客を集める大人気スポーツ。つまり、メジャーな球技なのですから。

しかし世の中、そんなこととは関係なく、日本代表が強ければ日本人なら誰でも興味を持つし、応援したくなり、強いものには関心がいくんだなあとしみじみ思うのは、二〇一五年の第八回ラグビーワールドカップ以前と以降とでは、日本でのラグビーの置かれている環境が劇的に変わったことです。

日本では国内のラグビーシーズンがだいたい八月末～九月初めぐらいにはじまります。今回のワールドカップは二〇一五年九月から約二カ月間、イングランドを中心に行われました。

二〇一一年にテレビ東京を辞めてから私は、縁あって二〇一九年日本で開催される第九回ラグビーワールドカップの開催地の一つにもなっている埼玉県の熊谷ラグビー場で公式戦の場内実況を毎年やらせていただいています。熊谷ラグビー場も九月から大学やトップリーグ、あるいはトップリーグの下部リーグであるトップイーストの公式戦がほぼ毎週行われます。また高校の全国大会埼玉県予選の準々決勝以降もここで行われます。例年ですと九月も十月も十一月も観客席の熱気に大差はありません。

さらにいえば、チーム関係者とあとは熱心なファンが足を運ぶぐらいで、シーズン序盤であろうと終盤であろうと、ただ単にラグビー場で公式戦を消化しているという印象でしかありませんでした（高校生の試合はちょっと趣が異なりますが）。報道陣を除けばマニアックなラグビーファンだけが集まっていました。

しかし、二〇一五年は違いました。ワールドカップで日本が二回も世界一になっている「超」強豪南アフリカを撃破し、まさに世界に衝撃を与えて以降、それまで関心がなかったと思われる人たちも熊谷ラグビー場に足を運ぶようになったのがわかりました。とにかく数が違う、熱気が違う。日本代表選手が出場するトップリーグの試合はもちろんのこと、大学の公式戦でも昨季までとの違いは明らかでした。

放送する側も変わりました。一気に時の人になった五郎丸歩選手はトップリーグのヤマハ発動機に所属しています（二〇一六年、日本が国内オフシーズンのときはスーパーラグビー・オーストラリアのレッズでプレー)。ヤマハ発動機の本拠地静岡県磐田市はラグビー熱がこれまであまり高くはありませんでしたが、ヤマハ発動機の練習日には突然千人もの観客が詰めかけ、それまでヤマハ発動機の試合を中継することなど考えもしなかった静岡県の民放テレビ各局は地元で行われるヤマハ発動機の試合の中継権を奪い合う騒ぎになりました。五郎丸選手は福岡県出身。今季一試合だけ九州(熊本)で開催されたヤマハ発動機の試合(対コカ・コーラ戦)も福岡の民放で急きょ実況中継することが決まり、「アナウンサーがいない」ということで不肖私が指名され、熊本でラグビーの実況ができるという幸運を味わったりもしました。

五郎丸選手は、ありとあらゆるところに引っ張り出されコメントを求められたのはみなさんもご存じのとおりです。もちろん、ヤマハ発動機だけではありません。新聞のスポーツ欄におけるラグビーに関する記事のスペースも大きくなりましたし、メディアのラグビーというスポーツそのものの扱いが変わりました。

熊谷ラグビー場では二〇一四年までも私は、来場者にはなるべくビギナーの方にもラグビーの魅力を少しでもわかっていただこうとルールやラグビーという競技の特性をしつこくない程度に説明を加えながら場内実況を心がけてきましたが、今季はその意識がより強かったことも付け加えておきます。せっかくラグビーに関心を持ってくださった方々に対し、それが「五郎丸ポーズ」などの単なるブームには終わってほしくない——ラグビーってこんなに面白いスポーツなんですよということを理解してほしいのです。

私は父に連れられて初めてラグビーを観戦してから約五十年になりますが、ルールはボールを前に投げてはいけない、前に落としてはいけないことぐらいしか知らなくてもその魅力に取り憑かれたという記憶があります。

日本代表の畠山健介選手もワールドカップ帰国記者会見の席で、「ここにいるみんな(代表選手)もすべてのルールを把握してるわけじゃないので」というすばらしいコメント(名言だと思います)を残したように、「ルールが難しいからラグビーは取っつきにくい」などということは全然ないのです。プレーヤーがそうなのですから、観戦する側も楽しめばいいのです。

ラグビーはボールを保持しているプレーヤーに対して、「タックル」という合法的な行為であれば激しく当たって捕まえ倒すことが許されています。そしてボールを持ったら一気に相手ディフェンスを振り払い、駆け抜けて得点(トライ)することができる競技です。そういった激しさと爽快感が魅力なのだと思います。

でも、ラグビー場でレフリーの笛に「?」となることも少なくはありません。その「?」が解ければより観戦が楽しくなることも間違いありません。

手前ミソですが、今季、熊谷から帰る際、運営サイドから「場内実況はとてもわかりやすかった」というお客さんの声を多く聞きました」といってくださることが多く、私は一人悦に入っていました。しかし、こんな声に驕ることなく二〇一九年の日本で開催予定の第九回ラグビーワールドカップ、そしてそれ以降の日本でのラグビー文化の定着を願ってこれからもラグビーの魅力を伝えていこうと決意を新たにしているところです。

アメリカンフットボールも相手に激しくぶつかって倒す行為が許されている競技です。ボールを持っていない選手も（タックルではなく）倒すことが許されているという点でラグビー以上の激しさがあるという見方もできます。

しかし、激しいだけではなく選手の動きがこれほどシステム化されている球技はありません。ワンプレーごとにオフェンス側もディフェンス側も相手の裏をかくため、作戦を練り、その作戦に従う駒のような動きを選手はフィールド内で求められます。

したがって実況の際には、ボールの動きを中心に追うわけですが、それだけではワンプレーごとの説明は不十分ですから、できればプレーが止まったときにそれ以外でポイントになったような選手の動きについての説明ができるよう、ＶＴＲなどを参考に気を配ることが大切です。

アメリカンフットボールでは出場全選手の動きを描写したり名前をいったりすることは不可能に近いのですが、それでもなるべく表面上は目立たないような選手の名前を試合中一度でもいえるよう心がけました。ＱＢ（クォーターバック）やＲＢ（ランニングバック）、ＷＲ（ワイドレシーバー）といった目立つ選手は、試合中、何度も名前をいうことになりますが、一チームの人数はオフェンス側もディフェンス側も十一人。基本的にボールを持てない選手もいるそのシステマティックな動きをどこまで描写できるかが実況の面白さ、難しさだと思います。

当然ながらラグビーとアメリカンフットボールは違うスポーツですが、アメリカンフットボールは競技としての面白さとは別に、大男たちの激しいぶつかりあいとロングパスで一気にタッチダウンというようなスピード感が人びとを惹きつけるのでしょう。特にアメリカでの人気の凄さが、アメリカンフットボールの競技としての魅力を証明しています。

ただ、残念ながら競技人口と世界規模での広がりという点ではラグビーには及ばないということだと思います。

バスケットボールの実況

ネットを挟んでプレーしない代表的な球技としてはバスケットボールも忘れてはいけません。

これまた大好きなスポーツです。テレビ東京はかなりバスケットボールの中継にも力を入れていて、約二十年前、男女それぞれ優秀な世代が活躍していた時代の試合はずいぶん実況しました。

男子では後藤正規、佐古賢一、折茂武彦、長谷川誠、古田悟、山崎昭史、女子では原田裕花、一乗アキ、萩原美樹子、村上睦子、加藤貴子、大山妙子といった世代の、世界と伍して戦った選手たちの試合は非常にエキサイティングでしたし、実況のやり甲斐がありました。

そしてその頃のＮＢＡといえばマジック・ジョンソン、マイケル・ジョーダンが大活躍していた時期でもあり、ＮＢＡファイナルも録画オフチューブで実況させていただきました。当時の実況で忘れられないものがいくつかあるのでご紹介します。

あれはジョーダンがシカゴ・ブルズで大活躍していた頃です。あるシューズメーカーが「エア・ジョーダン」というモデルのバスケットシューズを発売しました。これはいわずと知れたマイケル・ジョーダンがジャンプすると滞空時間が長いことから「エア」と呼ばれた、つまり「マイケル・エア・ジョーダン」と呼ばれるようになっていたことから作られたモデルでした(ちなみに日本の競馬界ではその時期エアジョーダンという競走馬も走って活躍しています)。そのシューズが発売されるまえから私はマイケル・ジョーダンを尊敬の意味も込めて「マイケル・エア・ジョーダン」あるいは略して「エア・ジョーダン」と実況で呼んでいました。

ところが、視聴者というのは面白いもので、「エア・ジョーダンは商品名だ。実況アナウンサーは何をいっているんだ」という抗議の電話がテレビ東京にかかってきたのです。この話は中継が終わってから聞かされたのですが、ディレクターと私は顔の見合わせて笑うしかありませんでした。マジック・ジョンソンだって本名はアーヴィン・ジョンソンなのにそのプレーぶりから「マジック」と呼ばれるようになったわけで、それについては誰も何もいわない。面白いものです。

ところで、今も解説者として活躍されている日本が生んだ世界のセンター、一九七六年モントリオールオリンピック代表でもある北原憲彦さんが当時もバスケットボール中継の解説を務めてくださっていました。北原さんにはずいぶんいろいろなことを学ばせていただきましたが、饒舌な北原さんは私のミスも見逃しません。私が一度、ジョーダンのチームメイト、スコッティ・ピッペンとジョーダンを間違えてしまったら(この二人の体型・身長がほぼ同じなのです)、北原さんはすかさず、「四家さん、違いますよ。そんなことだとお尻をピッペン（ペンペン）しちゃいますよ」などといって笑わせてくださったことがありました。北原さんの解説は中身ももちろんすばらしいのですが、こういうシャレの利いた話は北原さんならではで最高でした。

男子の日本代表は一九九八年、三十一年ぶりに世界選手権（現・ワールドカップ）に出場、この大会には先の六人のうち後藤正規を除く五人が選ばれています。しかし彼らのあとの世代は田臥勇太の存在が目立つ程度で世界から遠ざかるばかりで、国内の組織もなかなか統一されなかったのが残念でなりません。

女子については当時、国内ではシャンソン化粧品と共同石油（現・ＪＸ－ＥＮＥＯＳ）の二強時代、そしてこの二チームの中心選手がそのまま日本代表になり、一九九六年アトランタオリンピックで大活躍した頃でした。アトランタでは七位でしたが、優勝したアメリカを除けばどの国も実力差は紙一重で、どこが銀メダルでもおかしくないとても熱い時代でした。

その世界二位に匹敵するといってもいい選手たちの死闘であるシャンソン化粧品と共同石油の戦いを私は何度も実況させていただきました。実況の私も燃えました。女子日本代表に恋してしまったというぐらい私はその頃の日本の女子バスケットを応援していましたから。

当時の実況で、今でも忘れられない苦い思い出は、のちに日本人として初めてアメリカのＷＮＢＡでプレーすることになる稀代のシューター萩原美樹子がこのライバル対決の大事な場面、ゴール下のシュートをはずしてしまったときのことです。思わず私は「萩原イージーミス！」と声を張り上げました。

その試合も例にもれず一進一退の激しい展開で、最後はシャンソンが勝ったのですが、なんと私の「萩原、イージーミス!」が萩原選手の耳に届いてしまったというのです。しかも萩原選手自身もムッとしていたというではないですか。そのことを試合後チーム関係者から聞いて私は愕然。萩原選手のところに行って、「ゴール下だったし、オーちゃん(萩原選手の愛称)なら決めると思っていたのでつい……」というと、すでに冷静さを取り戻していた萩原選手は「いいんです。確かにあれはイージーミスですから。決めなければいけないシュートでした」といってくれて少し心が和みました。

しかし彼女は心のなかではきっと、「確かにそうだけど、あんな大きな声でいわなくたって……」と思っているだろうなと私が感じたのはいうまでもありません。ごめんね、オーちゃん。

二〇一六年現在、ユニバーシアード女子日本代表の監督を務める萩原さんは高校卒業後、すぐ共同石油に入ってバスケットボールに打ち込んできました。勤勉家の彼女は現役引退後、改めて早稲田大学に入学し、しっかり自分を高めながら現在に至っています。今や日本女子バスケット界を支える側にとって宝のような存在です。その穏やかな人柄は解説からも伝わってきて嬉しくなりますし、もちろん応援したくなります。

日本の女子バスケットは二〇〇四年のアテネ大会以来、十二年ぶりにオリンピック出場権を獲得。これから萩原さんには指導者としてもさらなる期待をしたいと心から願っています。

さて、私の「声」ということでは、こんなこともありました。
ラグビー中継のまえに秩父宮ラグビー場で、リポーターの某アナウンサーをディレクターが探しているとき、客席を歩いていたその後輩の某アナウンサーを実況席から発見した私は「●●！（彼の名前）」と呼んだら、彼と同じ苗字の●●さんが一斉に私のほうを向き、しかもその私の声に某アナウンサーは反応せざるを得なかったので「あれは恥ずかしかった」とその後何年も飲み会の席などでは必ずいわれました。どうやら一般的な基準からいえば私の声は大きいらしいのです。

バスケットボールの実況で大事なのは、現在はオフェンスが二十四秒ルール、展開の速さに遅れないことがまず重要です。それで、なおかつしっかりオフェンス、ディフェンスの考え方、対応などについても描写しなければいけません。
バスケットボールは「シュートを打ってリバウンドを取り合って、取れたらまたシュートを打って、それがはずれ、相手にボールを取られたら今度は相手チームのポイントガードがフロントコートにボールを運んで……」などというだけの単純なものではもちろんないので、両チームの戦い方を短いコメントでフォローし、どう実況に活かすかでしょう。

ネットを挟まない団体球技の代表格である三つ（アメリカンフットボールも含めれば四つ）の競技について記しましたが、これらの競技に共通していえることは動きが激しく、ただ観ているだけでエキサイティングになりやすいということです。私はそのなかに身体ごと入っていって実況するのを旨としていますが、これがいいことなのかどうかはわかりません。でも、実況する側が楽しいと思わなければ聞いている側も楽しくはないでしょう。

そしてもう一つ、実況で大事なのは可能なかぎり、選手の名前をいうことです。ボクシング、柔道のところで記した無難な実況は、これらの競技では選手の名前をいわず、チーム名で処理することだと思います。特にバスケットは、ジョーダンとピッペンではないですが、コート上に両チームを合わせても十人しかいないのですから、間違えずにしっかり名前をいって実況しなければいけません。

「●●選手、抜けました、▽▽(チーム名)チャンス」ではなく、「▽▽(チーム名)、チャンス」で済ませるのはユニフォームの色が違うので誰でもいえますからね。

バレーボール、テニス、卓球、バドミントンの実況

球技にはネットを挟んだものもあります。バレーボール、テニス、卓球、バドミントンなどです。これらは野球とは違いますが、一つ一つのプレーがサーブからはじまりますので、やはり「間」があります。

その「間」で、試合の流れをつかむこともあれば逆に失うこともあるのが、ネットを挟んだ競技を伝えるうえでの大事なポイントであると思います。むろん他競技同様、さまざまな知識、データ

は持っていなければいけませんが、ボール(あるいはシャトル)がネット上を行き来するなかで集中力を切らさず、激しさと冷静さをしっかり持って相手の弱点をつき、ポイントを重ねていく面白さは、これらの競技共通の魅力です。

ただ、ネットを挟む球技にとってある意味不幸だったのは、試合時間が読めない、あるいは状況によってはいつ果てるともなく続くという特性があったため、これら四競技は時間短縮のため、半世紀ほどで得点方法が変わったということです。

テニスは一部の例外を除いてタイブレイクシステムが導入され、バレーボール、バドミントンはラリーポイント制(九人制バレーボールはもともとラリーポイント制)になりました。卓球も二十一ポイント制から十一ポイント制に移行しました。これはすべてテレビ中継のためだと断言できます。だから、「昔のほうがおもしろかったなあ……」と子供の頃からのスポーツ観戦狂であった私は思ってしまうのですが、そんなことをいっても仕方ありません。今のルールで楽しむことを考えなければ、観戦する以上、それは損というものです。

実況ということでは、このなかではバレーボールの実況しか経験はありませんが、ラリーポイント制のためペースをつかむと一気に突っ走ってしまう面白さと怖さを感じます。ただ今後、他のネットを挟んだ球技の実況を担当する可能性は十分にあり、その機会を楽しみにしているところです。

二〇一四年、バドミントン男子の団体世界一のタイトルであるトマス杯を日本が初めて獲得したとき（実は女子の団体世界一のタイトルであるユーバー杯も日本は準優勝だったのですが）、報道のあまりの小ささに唖然としました。

数年前、バドミントン界期待のホープ田児賢一選手が、ある会見で報道陣から「錦織をどう思うか？」と質問されました。誰もが知っているテニスプレーヤー錦織圭選手と田児選手は同年代です。心ない質問だなあと私は正直思いましたが、「私はバドミントンが一番のスポーツだと思ってやっていますので考えたことはないです」ときっぱり答えていたのが印象的でした。

この頃は、バドミントンといえば「オグシオ」と呼ばれた女子の人気ペア小椋久美子と潮田玲子にばかり注目が集まっていました。田児選手は日本の男子バドミントンを一人で引っ張っていたので、その会見に出ていた私は改めて田児選手を応援する気になったものです。

バドミントンを「羽根つき」の延長線上などと考える方がいまだにいるようですが、とんでもないことです。おそらく、すべてのスポーツのなかで最も敏捷性が要求される競技です。もっと注目されて然るべきではないかと私は思っています。トマス杯獲得の快挙のとき、エースの座を後輩に譲っていた田児選手ですが、年齢的にもまだまだこれから。月並みですが頑張ってもらいたいものです。そのバドミントン、リオデジャネイロオリンピックを前に権威という意味では世界で最も重いタイトルである全英オープンの女子で、奥原希望がシングルス、高橋礼華・松友美佐紀組がダブルスに優勝。日本勢として女子シングルスが湯木博恵以来三十九年ぶり、女子ダブルスは徳田敦子・高田幹子組以来三十八年ぶりで、共に厚い中国勢の壁を打ち破っての快挙でした。男女ともリオに向けて一気に期待が膨らみます。

ゴルフの実況

リオデジャネイロオリンピックから採用される新しい競技の一つにゴルフがあります。ゴルフは近年、土日にかぎっていえば、最も多く地上波で中継されるスポーツといっても過言ではないでしょう。

ゴルフの実況もマラソンなどと同様、実況アナウンサーはゴルフ場には行きますが、センター方式です。メインの実況アナウンサーはゴルファーのプレーを生で見るわけではありません。生で見ながら情報を伝える役目は地上波型の場合、ラウンドリポーターが担います。基本的にCS型には、そのような役目の人はいないケースがほとんどなので、実況も解説もすべてモニター映像のみを観てしゃべることになります。

ゴルフほど「間」が多いスポーツはありません。実況よりその「間」でどんな話をするのかが実況アナウンサーには一番大事であり、また実況でも他の球技のような盛り上げ方はあまり必要なく、黙って映像を見せるだけで多くの場合は成り立ちます。

「間」を埋めるために、特にCS型ではさまざまな工夫をしているようです。

あるCSの中継でした。大会序盤、スタートの一番ホールのティーショットを担当しているアナウンサー(中継はこのシーンだけ)が、この「間」を埋めるために、番組に寄せられた質問のメールを紹介していました。それについて解説とのやり取りで話を膨らませようというわけです。

映像は単調にならざるをえないティーショットのみですから制作サイドの試みはたいへんよくわかるのですが、そこでメールの質問「パットのときの心構え」について、実況アナウンサーは延々と話を引っ張ろうとするあまり、注目の選手のティーショットのときにもその映像を無視して解説者に必死にパットについて話を引き出そうとして質問を浴びせてしまったのです。これには申し訳ないのですが笑ってしまいました。ついつい陥ってしまいそうなミスの典型です。

まさに本末転倒で、これではなんのための質問メールの紹介だかわかりません。長い中継枠のなかですから緊張感の持続もたいへんですが、ついやってしまったでは済まされないミスだと思います。「以って他山の石」としなければという思いを強くしました。

一方、地上波型ではほとんどの場合、「追っかけ再生」といわれる数時間の時間差による録画中継(先にも記しました)なので、ある程度「間」を削った密度の濃い映像づくりのなかでの実況になるので、本末転倒のような実況になる心配はありませんが、場面が次々と変わるので、変わった瞬間しっかり対応できる俊敏さが要求されます。これはこれでたいへんです。

ゴルフの実況の基本は、わかりきった話ですが、ショートホールならワンオンする場合、グリーンのどこにの乗せるのがいいのか、グリーンの傾斜、芝目、芝の長さなども含め、事前の知識を持っていなければいけないでしょう。そこで知ったかぶりなどせず、解説者にしっかり説明をしてもらうことも必要です。

ミドルホールならフェアウェイをキープできているかどうか。そのホールの特性としてフェアウェイのどのあたりがグリーンを狙うには一番いいのか。またラフに入った場合でも、ラフの深さやグリーンまでの距離など、問題が大きいかどうかを知っておく必要があります。

ロングホールはその応用です。バンカー、池などのハザードでの扱いもすべて下調べしておき、なぜハザードに捕まってしまうのか、風の状態なども含め、解説者と話を膨らませていくことがゴルフの実況の肝といってもいいかもしれません。

メンタルスポーツの代表格であるゴルフは、技術はもちろんですが、自分との戦いが観る側にとっても、する側にとっても最大の面白さであり、同時に難しさでもあります。技術があっても、メンタルの強さがないと崩れるのはどんなスポーツにもいえることですが、それが顕著に表れるのがゴルフというスポーツの特徴です。

また、視聴者の大半は当然のことながらゴルフが好き、それはつまりほとんどの視聴者がゴルフをプレーする人＝ゴルファーであるということです。ゴルフの実況は自身がプレーヤー、つまりゴルファーでないといけないといわれています。これがゴルフの実況の他競技との決定的な違いでしょう。

私は縁あって二〇一五年、主にインターネット中継で実況をさせていただきましたが、そこで運営サイドからこんなことをいわれました。ちなみに私はゴルファーではありません。

インターネット中継は予選ラウンド早朝の第一組からはじまりますから、いろいろなプロのいろいろなプレーを観ることになります。もちろん、素晴らしいショットも素晴らしいパットもたくさん生まれます。しかしミスもあります。そんななかで、その日、まったく調子の出なかったあるプロが最終ホール。大事なパットを三十センチほどはずしました。すでに精神的にかなり参っていたのでしょう。返しの三十センチほどのパットを片手でいかにも面倒くさそうに軽く打ってまたはずしてしまいました。私は「ウィークエンドゴルファーのようなことをしていましましたね」と実況してしまいました。解説者とのやり取りのうえではまったく問題はなかったのですが、この表現について主催者からクレームをつけられてしまいました。

「確かにそうかもしれませんが、実況では言ってほしくはありません。そのような表現は自粛してください」というのです。そういうものなんだなあと私は反省し、以後、どんなにプロが集中力を切らして悲惨なプレーになってしまってもそのことには触れないよう気をつけました。

これはバスケットのところで記した「萩原、イージーミス！」にも通ずるところがある表現なのかもしれませんが、私の解釈としてはかなり違います。なぜなら、萩原選手は精一杯やって、たまたま失敗したミスであったのに対し、かのゴルファーはあきらかに「いいかげんなプレー」だったからです。これは全国のゴルフ好きが見ているであろうインターネット中継で、ゴルファーの手本とならなければいけないはずのプロがやってしまった失態です。だから、むしろ反省すべきはそのゴルファーだと思うのですが、いかがでしょうか。

しかし、このような訴えは「雇っていただいている」フリーのアナウンサーにとっては戯言にすぎません。「それなら他のアナウンサーにやっていただきます」といわれたらそれでおしまいです。

フリーアナウンサーは最も社会的地位が低いと先にも記したのはそういうことなのです。「こういう表現でこのスポーツを盛り上げたい」とか、「こんなふうにこのスポーツを語りたい」などという希望は、制作サイドの意向に合致したものでなければ叶うものではありません。つまり《余計なこと》は言ってはいけないのです。

「ウチで実況をお願いしているのはみんないい人です」と、あるCS局のプロデューサーがいつだったかおっしゃっていました。ここでいう「いい人」というのはたぶん、プロデューサー、ディレクターのいうことを聞き、たいしたトラブルもなくスムーズに仕事をこなしてくれる人という意味だと思います。

一般の会社組織でも、トラブルなく仕事をこなす人がいれば便利です。少々極端な表現ですがスポーツ中継で、使う側にとってフリーアナウンサーにはそれが一番大事なことなのだと思います。その先に「実況がよければそれに越したことはなくて、それがある程度のレベルならあとは聞く側の好みだから」で済んでしまうともいえるでしょう。

すべてのプロデューサーがそうだとは思いませんが、非常によく分かる理屈です。私は今後も、「こういう実況が必要だ」と制作サイドからも視聴者からも感じていただけるようなアナウンサーでありたいと願い、努力するのみですが。

競馬の実況

ギャンブル系の実況での緊張感は非常に大きなものです。

私はＪＲＡ（日本中央競馬会）の競馬実況しかやったことはありませんが、それは競輪、ボートレース（競艇）、オートレースでも同様でしょう。ただ、ボートレースは六艇、オートレースは八車、競輪でも九輪の出場。競馬の場合、少ない出走頭数のケースもなくはありませんが、たいていは十頭以上が出走します。競輪のゴール前の実況は理屈抜きにたいへんだと思います。また、ボートレース、オートレースの実況は正直なところあまり繁雑な印象は受けませんが、とかくやったことがないのでこの三つの競技についてのコメントは差し控えます。

さて、競馬の実況です。

レース中、より誠実に出走全馬の名前をいうとなると、特に短距離（千メートル、千二百メートルなど）レースの場合、多くは十六頭のフルゲートですので相当に忙しい作業であるといえましょう（重賞などの場合にはフルゲートは十八頭）。

まずは基本的なことから。実況は双眼鏡を見ながら行います。テレビの実況の場合、モニター映像で実況する人もいますし、そのほうが映像と馬の名前がリンクするので視聴者にとってわかりやすいという見方もできますが、それは基本である双眼鏡での実況ができてからの話だと思います。

テレビのモニター映像でしか実況できないとしたら、それは競馬実況アナウンサーとしてはどうでしょうか。あくまで個人の意見としては一人前としては認めたくないです。そういう人は、モニターがなければ実況できない＝競馬場で馬を見て実況することはできない、ということですから。そんな実況アナウンサーはいないでしょうが。

次に馬の名前ですが、どうやって覚えればいいのでしょう。競馬好きな方なら聞かれたことがあるでしょう。騎手の勝負服で覚えます。

騎手はまず一枠から八枠まで八色の帽子（ヘルメット）をかぶります。十六頭なら一番と二番が白、以下二頭ずつ黒、赤、青、黄色、緑、橙、桃の順です。この色分けはすべてのギャンブル競技に共通ですからギャンブル好きな方にとっては常識です。

それで半分は見分けがつくのですが、帽子だけで馬を覚えようとすると、実況で帽子の色ばかりいうクセがついてしまうのであまりよろしくありません。そこで、勝負服を覚えることが重要になってきます。勝負服は馬主ごとに違います。服では描くことができる模様、形状、色などが決められていて、それに従って馬主がどのようにするか決めます。

レース前日、実況アナウンサーは色鉛筆で各騎手の勝負服を塗って出馬表を完成させます。同枠に同じ勝負服の馬がたまたま入ってしまったときは、染め分け帽といって、それが五枠なら緑一色の帽子と緑と白に染め分けた帽子をかぶります。外の馬が染め分け帽ですので九番と十番だったら十番の馬に乗る騎手が染め分け帽をかぶることになります。

こうして準備ができたら当然のことながら今度は必死に覚えます。十六頭全部を騎手の袖の一部でも見えたらすぐいえるぐらいにしておくのが理想ですがなかなか難しいので、それ以外でも、例えば毛の色、全出走馬中、一頭だけ芦毛ならそれだけで見分けがつきますし、特徴のある遮眼革（ブリンカー）などしていればそれも見分けの材料に使えます。とにかく、いろいろな角度から馬を見分け、覚えるような工夫をします。

それでもレースがはじまってしまったら、例えば千メートルでは芝かダート（砂）かにもよりますが一分ほどで終わってしまいます。通常一日十二レースですが、千メートル、千二百メートルのレースは全体の二割から三割。ＪＲＡは全国に十の競馬場がありますが、場所によっては四割ほどの場合（千メートル以下の距離）もありますから競馬実況は短距離レース抜きには語れません。千二百メートルでもレースは一分十秒程度で終わってしまいます。

例えば、短距離でフルゲートの十六頭（ほとんどがそうです）だった場合、ゲートが開いて、ある程度展開がはっきりするまで、どんなに少なく見積もっても十秒近くはかかります。そこから先頭の馬名をいい、二番手以降最後方まで、仮に淀みなく紹介できたとして何秒を要するか。一頭あたり二秒としても三十二秒、そうするとここまで四十二秒弱ということになります。

千メートルのレースだったらゴールまで二十秒も残っていませんからこのとき先頭の馬はゴールまで三百メートルぐらいしかないことになります。つまり、最後の直線に入っているのです（新潟競馬場では千メートルは直線のみのレースです）。あとは先頭争いを描写していたらアッという間にレースは終わってしまいます。

これが千二百メートルでも大差はありません。スタートから十六頭を紹介できるまで四十二秒弱というのは一頭あたり二秒と計算して、しかもあくまでスムーズに淀みなくいったという「仮」の話です。実際は一頭あたり二秒以上かかるでしょう。それにスタート直後に落馬があったり、レース中、故障発生などのアクシデントもそれほど珍しいことではありませんし、さらに馬が三頭、四頭と重なってしまって実況が滞ることも起こりえますから千二百メートルもとても忙しい実況になります。

それなら距離の長いレースは実況が楽かといえば一概にそうともいえません。確かに千六百メートル以上になってくると、比較的落ち着いて先頭から最後方までの馬を追うことができますが、今度は展開やペース、千メートルなどのくぎりとなる通過タイムも紹介する必要がでてきます。それから人気馬の位置取りや、騎手との折り合い、逃げ馬がいたら後続との差やその馬の様子（ゆとりがあるか、一杯になってきたかなど）、さらには騎手の手が動き出したか（追い出したか）、仕掛けたか、馬の動きがいいか悪いか（反応がいいか悪いか）等、十六頭の馬が走っているのなら伝えなければならない情報はかぎりなくあるといってもいいのですから、距離が長くなれば今度は広い視野と競馬への造詣、センスが試されます。

ひたすら馬さえ追い続けていればいい短距離レースはそれこそ実況の馬力と描写力さえあれば、余計なことをいう暇がないので競馬をよくわかっていなくてもなんとかなりますが、距離が長くなるとポイントのズレた表現などしてしまったら競馬の知識がないことがバレてしまいます。まさに馬脚をあらわしてしまうことになるから難しいともいえるのです。

なかには例外なく距離が長い障害レースもあります。障害レースはまたまったく別の要素である馬の障害飛越能力についてもある程度見極めなければいけませんし、障害をすべて跳び終えてからの平地の潜在的な馬の走力についても知っていないと、これまたゴール前でズレた実況になってしまうことがあります。平地のレースより落馬、競走中止となってしまう率も高いですからそのケアも重要です。


次に当然のことながら各競馬場の特徴も知っておかなければいけません。

まず、実況する側からいえば、東京競馬場、新潟競馬場は広く、第三コーナー付近(新潟の場合外回りコース)と、最後の直線は非常に見えにくく実況泣かせです。特に最後の直線は長く、馬を正面から見る感じになってしまうので、しっかりと勝負服の一部で判断できるようにしておかないとたいへんなことになってしまいます。とにかく、実況難度Aの競馬場だと思います。

中山競馬場、福島競馬場は東京、新潟に比べれば狭いので双眼鏡では見えにくいところはありませんが、中山はダートコースと芝の内回りコースではバックストレートの中央付近で馬場内にあるスクリーンと着順表示板に隠れて馬がまったく見えなくなってしまうところがあるので、ほんの一、二秒程度をどう表現するか、その一、二秒でリズムを崩してしまうこともあるので、しっかり言葉をつなぎ、描写することが大事です。

中山競馬場、福島競馬場は最後の直線が比較的短く、いろんな馬を追っているとあっという間にゴールですから、先頭争いの馬を早めに絞り込む意識も必要です。

次に競馬場をレースという側面から見れば、コースのどこに登り坂があってどこに下り坂があるか等のコースの特徴も知っておかなければなりません。

例えば、東京競馬場の最後の直線では坂を登り切ってからの追い比べが最大の見どころだったりするわけですから当然のことながらこれは意識しなくてはいけません。ＪＲＡの十の競馬場はすべて、実況その他で行かせていただきましたが、東京、中山、福島、新潟以外で、最も多く実況したのは小倉競馬場です。

小倉競馬場は函館、札幌などと同様、小回りですし、ほとんど平坦なので馬は見えやすく実況しやすい競馬場といえますが、その分、中山や福島よりもさらに最後の直線が短いのでゴールの瞬間、遅れないようにしないと締まりのない実況になってしまうことが注意点でした。

ところで、通常、馬を覚えるのは一レースや二レースではありません。ラジオ日本やラジオたんぱなど、土・日の競馬中継に力を入れているようなラジオ局では、生中継で使うレースだけでも一人で六レースぐらいはやらなければなりません。特にラジオたんぱは、実況が競馬場内にそのまま流れますので、ＪＲＡのオフィシャルな実況という言い方もできます。責任は重大です。

私は民放競馬記者クラブの代表幹事を務めさせていただいたこともあるので、ラジオたんぱの実況アナウンサーの方は何人も知っていますが、みんなまさに職人です。自分のリズムを持っているので、悪くいえばクセもありますが、正確であること、ミスのないことが最優先ですからそれでいいとは言いきれないまでも十分なのだと思います。もちろん、毎週機械のように正確に実況するというだけで、それがどれだけたいへんなことなのかはわかりますので、同業者の片隅にいる私から見ても凄いと思います。

私も競馬実況駆け出しの頃は収録レースも含め十二レース中、十一レースの実況をしたことがあります。

私は小さい頃から競馬が好きだったので競馬実況も一つの夢でした。その機会は、最初に就職した会社(RKB毎日放送)にはなかったので、競馬の実況に挑戦したのはテレビ東京で働くようになってから数年後の三十代半ばでした。

それから必死に努力しましたが、二十代前半から練習したアナウンサーに比べれば上達の速度は遅かったと思います。もっと早くから実況したかったという思いは今もありますが、これればかりは環境ですからどうしようもありません。

テレビ東京は昭和四十年代からレギュラー番組として土曜日の競馬中継を行っていますので、競馬担当になってからは毎週、勝負服を色鉛筆で塗るようになりました。実はこれを自動的にプリントアウトできるソフトもあるそうですが、私は競馬実況の担当を離れるまで常に自分で勝負服を塗って馬の名前を覚えるようにしていました。たぶん、そのほうが馬名と勝負服が頭に入ってくる、そう確信していたからです。

　このように競馬の実況における事前準備は、実況スキルの上達と、馬名を覚えることだけといってもいいほどです。それゆえ、他の実況とは本質的に全然違うのです。

　大きなレースでは馬や騎手のデータなども重要になってきますが、ほとんどのレースではそれ以外で必要なのはレース展開を予想しておくことぐらいです。とにかく、しっかり描写しなければいけないわけですからそのための予想です。

　よく「実況するレースの馬券（勝ち馬投票券）は買うのですか？」と聞かれますが、私はなるべく買うようにしていました。そうすれば、いやでも真剣にレースを分析することになり、馬の脚質なども理解して実況にも役立つと考えたからです。

　でも、これは人によって違うと思いますから、なんともいえません。

「自分が買った馬券に絡む馬の名前ばかりいわないのか」って？　最後の直線でその馬が伸びてきたときには、多少強調することはあってもそれが原因で実況を間違えたことはありません。

　それでも、競馬の実況はなかなか思ったようにはいきません。短距離レースでは途中、言い淀んで十六頭全部いえないこともままありましたし、タブーであるゴール前でのミスもありました。しかし、何回かはG１レースの収録をしたこともありますし、番組の派遣で南半球最大のレースであるメルボルンカップの実況をしに行ったこともあり、競馬実況アナウンサーとして幸せであったといえると思います。

スポーツの実況は、すべての競技について例外なく好きでなければとても苦痛に感じるであろう仕事だと思います。なかでも競馬の実況は、一つのレースについていえばその前後を含めてもせいぜい五分程度で持てる描写力のすべてを出し切らなければなりません。そこまでの集中力が半端ではないだけに、終わったあとはいつも「あっという間だったなあ」という感じでした。

競馬に限らずギャンブル系の実況には、基本的に地上波型もCS型もないと思います。そして、どれも実況は職人的だということです。

さらにもう一ついえることは、実況が上手いか下手かについては(個人的には論じたい気持ちはありますが)、他のスポーツの実況とは違い、それぞれの業界(競馬界、競輪界等)にとって、たいして重要ではないということです。

競馬においては、かつての関西テレビの杉本清さんのような名実況と呼べる独特の語り口調もありましたが、それはまさに例外的な存在で、「間違えなければいい」ほとんどそれだけが評価の基準なのです。

今でも私は競馬を愛する気持ちがありますので、機会があればぜひ実況をやりたいのですが、ちょっと間隔が空いてしまったかもしれません……。

採点競技の実況

フィギュアスケートが爆発的な人気を呼び、頻繁に中継されるようになりました。日本が強くなったのはたいへん嬉しいことです。伝統的に体操が強いということも含め、日本人は採点競技全般が好きなようです。

私が実況を経験した採点競技は、シンクロナイズドスイミングと新体操だけですが、実況アナウンサーの病とでもいえばいいのか、とにかく事前に勉強して失敗したのがシンクロナイズドスイミングでした。

採点競技にはさまざまな名称をつけられた技があり、難易度もあります。まだ若かった私は、シンクロにわか勉強ながら張りきっていました。

あるチームのある技が決まった瞬間、それが私にとって覚えたてだったのでうれしくなって解説の方に「いやあ××が決まりましたねぇ！」と振ってしまったのです。すると、解説の方は冷めた口調で「これは難易度はあまり高くありませんから」とあっさり一言。

スポーツ実況すべてに共通していえるのは、この手の「知ったかぶりの失敗」が一番いけません。この失敗があったので、それからおよそ十五年後に、突如として新体操の実況を仰せつかったときには、もちろん猛勉強はしましたが、解説の方とは事前にしっかりコミュニケーションを取り、余計なことはいっさい喋らず、採点競技のなかでも最も美しさが強調されるといわれる新体操をともに楽しみました。

それが良かったのか悪かったのかはわかりませんが、少なくとも担当ディレクターからは評価されたものです。

最初のほうで記したように、採点競技ではゴルフ以上に「実況しないこと」が実況アナウンサーの務めです。あるベテランディレクターからかつてスポーツ実況についてこんなことをいわれたのを思い出しました。

「みんな、その競技を観るためにテレビをつけてるんだから、実況はいってみればＢＧＭのようなもの。心地よく感じられることが大事なんじゃないかな……」

まさに採点競技の実況では、最も心地よさが重視されるのだと思います。そして、あたりまえのことですが、スポーツの実況アナウンサーはすべてにおいて、主役である選手たちを盛り上げるために存在している黒子だということです。

実況の技術については、私自身、今まで培ってきたいろいろな表現があり、またその反面、私の基準においてこんな表現はタブーというものもたくさんあります。その「タブー」をいろいろなスポーツ中継で聞かされた瞬間、その実況アナウンサーを軽蔑してしまう感情も私のなかにはありますが、視聴者にとってはおそらくそんなことはどうでもいいのだと思います。

とすれば、実況アナウンサーとして何が必要なのか。その答えを出すのはとても難しく、おそらく正解などないでしょう。現時点では、とにかくスポーツを愛し、誠実に接することしか私の頭にはありません。究極的には、実況がどこまで優秀なＢＧＭになれるか、でしょうか……。

あとがき

私が六歳のときに開催された一九六四年の東京オリンピックについては、二〇二〇年に東京で二度目のオリンピックが開催されるまで、今後さまざまなかたちで紹介されていくでしょう。閉会式とそのまえの最終競技である馬術を国立競技場で観戦できたのは、幸運以外のなにものでもありません。馬術の最後の表彰式は大賞典障害飛越の団体で、優勝はドイツでした。当時を知らないちょっと勘のいい方なら、エッ？　その時代はまだドイツが東西に分裂していたんじゃないのと思われるでしょう。そのとおりです。

しかし、この東京オリンピックでは、ドイツは「統一ドイツ」として出場しました。国旗は黒、赤、金というドイツ国旗おなじみの三色で中央に五輪のマークがありました。

これはあとから知ったことですが、国が東西に分裂しているのに統一ドイツとしてオリンピックに参加したのは夏の大会では一九五六年のメルボルン大会からこの東京大会まで。以降はベルリンの壁が破られ、国自体が東でも西でもなく「ドイツ」になる、すなわち一九九二年のバルセロナ大会までありません。

その統一ドイツ国旗が国立競技場のメインポールに翻ってからしばらくして閉会式が始まりました。

私は父に連れられてこの日、国立競技場に来ていました。生まれて初めて味わう大きな空間と緋色に燃え盛る聖火。なんともいえない感動でしたが、それはこの日の序章に過ぎませんでした。

父はおそらくそう簡単には手に入らないであろう閉会式のチケットを一枚だけ持っていました。「六歳の子供ならチケットがなくてもなんとか入れてもらえるだろう」というかなり図々しい考えでした。私はあまり乗り気ではなかったような記憶がありますが、父がそういうなら行ってもいいかなぐらいの軽い気持ちでついて行ったのです。もし入れてくれなかったらどうなったでしょう。閉会式が終わるまで私はどこで待てばよかったのか。それとも父は私が入れてくれなければチケットは無駄になってもしょうがないから帰ろうとでも思っていたのか……。

父の性格からしてせっかく「超」がつく貴重なチケットがあるのに閉会式を見ずに帰るというのは考えにくい。ということは、なんとしてでも私も国立競技場内に入れる気だったのでしょう。それにしてもまだのどかな時代だったのだと思います。父は何か入口でモギリの人と話をしただけで、私は簡単に入ることが許されました。

そうして私はあの永遠に語り継がれることになる閉会式を観ることになるのです。

東京オリンピックの閉会式は、突如として選手が乱入してはじまります。というより、スタンドから見ていた私は、なぜ選手が乱入してくるのかまったく理解できませんでした。もちろん、それは父も、そしておそらくすべての観客もそうだったでしょう。

これはすでに語り尽くされていますが、東京オリンピックの運営はほんとうにすばらしく、それに感動した選手たちの気持ちが高揚して、大きなエネルギーとなって爆発した祝祭のはじまりだったのです。アジアで初めて開催されたオリンピックです。海外の多くの選手にとって日本は未知の国だったことでしょう。そして、この国が十九年まえまでは世界に名だたる軍国主義であったことも知っていた選手は多かったはずです。

しかし、平和憲法の下、日本は生まれ変わりました。焼け野原だった東京も復興しました。そして国立競技場を建設し、日本人は文字どおり心をこめて、日本という国を理解してもらおうと参加した世界の選手たちに接したのだと思います。今よりもはるかに崇高な意味でのボランティア精神に満ちた運営がまさに全選手の心を打ったのです。

「なんてすばらしいオリンピックだったんだろう。もう終わりか。でも閉会式だからってかったるい入場行進なんてやってられるか。大会のフィナーレはみんなで盛り上がろうぜ！」とでもいうことだったのか、誰ともなく、本来は入場行進がはじまる競技場入口から選手たちは一斉に乱入してきたのです。生真面目な日本の選手だけがなんとなく普通に入場してきましたが、日本選手団の旗手は各国選手団に肩車されて入場してきましたし、入場行進曲など関係ありません。あっという間に国立競技場内は全世界の選手が肌の色も国籍も何もかも関係なく走りまわり、踊りまくるお祭り会場に変貌しました。

夕闇迫る国立競技場、その照明に照らされ、生き生きと躍動する選手たち、今でもその光景をはっきりと思い出すことができます。まったくわけのわからないまま、とにかく聖火が消え、「四年後にメキシコで会いましょう」の文字が電光掲示板に英語で映し出され、フィナーレを迎えるわけです。

一九六四年の東京オリンピックは、スポーツイベントとしてのすばらしさという点で、この閉会式がすべてを証明していたような気がします。私は、機会あるごとに東京オリンピックの閉会式のすばらしさをいろいろなところで語ってきましたが、同時にこんな閉会式になった東京オリンピックを開催した日本に生まれ育ったことを誇りに思っていますし、「こんな凄いオリンピック、悔しかったら開催してみろ!」と世界に言い続けたい気持ちにさえなります。

「スポーツが平和の象徴」であることは、今さら申し上げるまでもないこと。ただし、近代オリンピックの歴史を紐解いていけば、政治に利用されなかった大会など一つもありません。それでもそこにはスポーツでしか生まれない感動があります。

スポーツの力を信じる私は、これからもこの仕事を続けるかぎり、手を抜いた実況などできないでしょう。

【著者】
四家秀治
…よつや・ひではる…

1958年千葉県松戸市生まれ。
同志社大学工学部化学工学科（現・理工学部化学システム創成工学科）卒業。
ＲＫＢ毎日放送、テレビ東京アナウンサーを経て2011年7月からフリーに。

フィギュール彩54
スポーツ実況の舞台裏（じっきょう／ぶたいうら）
二〇一六年四月十五日　初版第一刷

著者――四家秀治
発行者――竹内淳夫
発行所――株式会社 彩流社
〒102-0071
東京都千代田区富士見2-2-2
電話：03-3234-5931
ファックス：03-3234-5932
E-mail：sairyusha@sairyusha.co.jp
印刷――明和印刷（株）
製本――（株）村上製本所
装丁――仁川範子

ISBN978-4-7791-7058-4 C0375
http://www.sairyusha.co.jp